仕事に効く！「孫子の兵法」

齋藤 孝

PHP文庫

JN119799

○本表紙図柄＝ロゼッタ・ストーン（大英博物館蔵）
○本表紙デザイン＋紋章＝上田晃郷

文庫版のためのまえがき――「戦略的思考」のすすめ

◆誰もがライフスタイルの見直しを迫られる時代

本書が新書判で刊行されたのは、今からちょうど十年前だった。「十年一昔」という言葉があるが、たしかに世の中はずいぶん変わったような気がする。

例えば当時、テレビ局のキー局がリストラを行うなど誰が予想できただろう。インターネットの台頭で「若者のテレビ離れ」が話題にはなっていたが、相変わらず社員は高給取りで、学生の就職人気企業ランキングでも上位の常連だった。ところが今や、番組の制作費も給料もどんどん減額されているという。

テレビ局だけではない。新聞や出版も部数減に苦しんでいる。かつて安定・高給の代名詞だった銀行でさえ、超低金利で軒並み経営が厳しくなっている。

代わりにGAFAM《ガーファム》（Google、Apple、Facebook（現Meta）、Amazon、Microsoft）と総称されるような巨大ネット企業の存在感はいっそう増し、私たちの日常にまで深く浸透している。この先十年でも、また大きく変わるだろう。

まして昨今、私たちはコロナ禍で苦しめられてきた。ライフスタイルも、働き方も大きな見直しを強いられている。中には廃業や失業、転職された方もいる。いわゆる「アフター・コロナ」がどんな世界になるのかも、なかなか読めない。

いずれにせよ、私たちはきわめて不安定な時代に生きているわけだ。一見すると平和そうだが、誰も彼もが安穏《あんのん》としていられないことは間違いないだろう。その意味では、本書の意義は十年前より高まっているかもしれない。

中国の古典『孫子』が説いたのは、戦時下における兵法だ。**勝つために、いかに状況を冷静に見きわめて戦略的思考を巡らすか**。突き詰めればこの一点に尽きる。しかも常に合理的で実践をともなうところが、一般的な思想書とは大きく違う。だから現代のビジネス書としても読めるのである。

◆「〇〇しかない」は危険

ところで最近、特に若い人から「もうこの道しかない」という言い方をよく聞く。「この選択しかあり得ない」「あきらめるしかない」、あるいはネット上やSNS上で飛び交う「これが正義」的な極論もその一種だろう。

覚悟を決めて全力でぶつかるような勇ましいイメージだが、見方を変えれば短絡的かつナイーブで、視野狭窄《きょうさく》もしくは思考停止に陥《おちい》っているケースもしばしばある。閉塞的な経済・社会環境がそう思わせているのかもしれないが、これではかえって状況を悪化させかねない。本当にその道しかないのか、他に打つ手はないのかを柔軟に考えるのが、戦略的思考の価値である。

例えば私のかつての教え子は、ある学校で非常勤講師として週に二十時間以上の授業を担当していた。ところが勤めて5年目に、コロナを理由に「ゼロ時間」と通達された。いわゆる「雇い止め」である。

教え子は「他の学校または職を探すしかないか」と落ち込みながら相談に来たが、私は「もう少し考えてみよう」と諭し、一緒に打開策を練ることにした。雇い止めは、状況によって撤回された判例もある。そこで事情を説明する文書を校長先生のもとに送ったり、教職員の組合組織に相談したりしているうちに、結局元どおり勤務できることになったのである。

常にうまくいくとはかぎらないが、必要な知識と情報を持ち、戦略を立て、迅速・的確・丁寧に対処すれば、何らかの道が開けることはある。またうまくいかなかったとしても、こういう経験を積めば戦略的思考の習慣が身につく。少なくとも、「○○しかない」という短絡的な思考からは脱却できるだろう。

だいたい世の中は白か黒かではなく、グレーで成り立っている。表向きのルールは決まっていても、交渉しだいで融通が利いたりすることも少なくない。それが肌感覚としてわかれば、戦おうという気にもなるだろう。そのとき、本書は強力な〝武器〟になるはずである。

◆「戦わずして勝つ」というコスパ

『孫子』の具体的な読み方については本文に譲るが、今日あらためて受け止めるべきメッセージを三つ挙げておきたい。

第一は、戦わずして勝つことこそ最善手であるということだ。いざ戦闘となれば、たとえ勝ったとしても犠牲は免れない。そこに至る前にいかに勝負をつけるかが、戦略的思考の見せどころである。

現代になぞらえて考えると、この点で気になるのが「コスパ（コスト・パフォーマンス）」という言い方だ。損得を意識し、できるだけムダを省いて生産性を高めようというわけで、けっして悪い意味では使われない。

その前提でどんどん切り捨てられているのが、社内のコミュニケーションではないだろうか。たしかに純粋に「コスパ」を追求するなら、ちょっとした雑談や、まして社内の飲み会などはムダ以外の何物でもない。自分の仕事だけきっちりこなしてさっさと退社したほうが、よほどプライベートも充実するだろう。

だが、それで本当に仕事のパフォーマンスが向上するかは疑わしい。雑談の中で仕事の情報やヒントを得ることはよくある。ある程度気心の知れた間柄になれば、いざというときに相談したり助け合ったりもできる。

特に効力を発揮するのは、上司との関係だ。杓子定規《しやくしじょうぎ》のつき合いでは、仕事もやりにくいはずだ。まして何かで対立したとすれば、立場の弱い部下のほうがダメージを受けやすい。逆にいえば、日ごろから上司を〝懐柔〟しておいたほうが、いざというときに自分の意見を通しやすくなるはずだ。そう考えて良好な関係を保つのが戦略的思考であり、「戦わずして勝つ」ということでもある。「コスパ」を追求するのはおおいに結構だが、近視眼的なケチになってはいけない。むしろいかに大局的な視点を持てるか、その上で周到な準備にエネルギーを注げるかが、真のコスパにつながる。『孫子』は、そういう考え方を何度となく強調しているのである。

また**これと対になるのが、「勢」の概念だ。**今日的には、チームのモチベーションといい換えられるだろう。徹底的に合理主義を追求している『孫子』だが、こういう曖昧《あいまい》なものもマネジメントできると説いているのである。日ごろからチームワークを高めておいて、いざとなれば一気呵成《いっきかせい》に攻める。もしくは勢いを誇示して相手の戦意を挫《くじ》く。これが、いわゆる「風林火山」にも通じる『孫子』の基本戦略だ。ビジネスの世界でも、おおいに参考になるだろう。

◆データを味方につければ「百戦して殆うからず」

第二は、『孫子』の代名詞ともいうべき「彼《か》れを知り己《おの》れを知らば、百戦して

殆《あや》うからず」。**情報の重要性を説いている**わけだが、「データの時代」と呼ばれる昨今、その価値はますます高まっている。「彼れを知り」たければネットでたいていのことがわかるという、大変画期的な時代でもある。

そこで問われるのは、調べる側のリテラシーだ。かつてネット情報は玉石混淆《ぎょくせきこんこう》とされていたが、今はしっかり調べれば多くの石を取り除ける。ある程度の予備知識と、発信者の信頼性を確認する術《すべ》と、二度三度と裏を取る作業を怠らなければ、フェイクニュースに騙される危険性は大幅に軽減されるだろう。

だが実際には、あまりに情報量が多いせいか、調べ方が雑だったり偏っていたりすることがよくある。リテラシーの差が仕事の成否を分けることも、十分に起こり得る。私たちはあらためて、「彼れを知り～」を胸に刻む必要がありそうだ。

ましてこれからは、ＡＩ（人工知能）やデータ・サイエンスがより社会の幅広い場面で台頭することになるだろう。好き嫌いや得意不得意の問題ではなく、人間の脳と分業しながら活用することが求められる。

ＡＩは人間には不可能な情報処理能力の面とともに、人間の膨大な経験値の集積の面も持つ。だとすれば、とても人間の一個の脳で太刀打ちできる相手ではない一方、味方にすれば最良の相棒にもなり得る。古今東西のあらゆる「彼れ」を知ることができるからだ。「百戦」はますます盤石《ばんじやく》になるだろう。

◆一歩踏み出す勇気を

そして**第三に、戦略的思考のベースには勇気が必要ということだ。**兵法である以上、行動には常に危険がともなう。その恐怖を乗り越えることは大前提だろう。それは、ライフスタイルや働き方の見直しを迫られている今日の私たちにも当てはまる。

ここで参考になるのが、将棋の世界で驚異的な活躍を続ける藤井聡太《そうた》さんだ。あの異次元の強さの源泉が、ＡＩを使った日ごろの研究にあることはよく知られている。もともと将棋界におけるＡＩの浸透は早かった。すでに多くのプロ棋士が日々の研究に導入し、公式の対局中には形勢判断まで担うようになっている。過去の膨大な棋譜を学習し、局面ごとの最善手を数値化して割り出せるらしい。

ただ先日、あるプロ棋士の方から興味深い話を伺った。藤井さんの対局中、ときどきＡＩの評価値が大きくマイナスに振れることがあるという。しかしそれは、藤井さんの指し間違いではない。ＡＩがはじき出す最善手を十分想定した上で、あえてそれ以外の手を指して新境地を開こうとしているらしい。ＡＩにとっては過去にデータがない以上、低い評価値しか出せないのである。

いい換えるなら、長い歴史と伝統のある将棋界で歴戦の名棋士たちが想像もしなかった手を、藤井さんは選択しているわけだ。もちろん勝算があっての話だろうが、これは大変なチャレンジであり、相応の勇気が必要なはずだ。またその成否がどうであれ、斬新な棋譜がＡＩに記憶されるという意味では、将棋界に対する多大な貢献でもある。これこそ、戦略的思考の最たるものだろう。

『孫子』の中には、「兵とは詭道《きどう》（相手を騙すこと）なり」という言葉がある。フェアプレー精神に欠けるようにも聞こえるが、相手が思いつく手ばかり打っていても勝ち目は薄い。いかにリスクを覚悟の上で、相手にとって想定外の策を繰り出せるか。つまり**思考力と勇気の合体が、結局は強さを生み、勝利への最短の近道になる**のではないだろうか。

私たちに藤井さんのような八面六臂《はちめんろっぴ》の活躍は無理かもしれない。しかし慣例や常識を疑い、勇気を持って新たな一歩を模索する姿勢は見習うべきだろう。それも蛮勇では意味がない。チャレンジし、経験を積み、自信をつけてまたチャレンジする。そのサイクルを回し続けることで、実践的な勇気を培《つちか》うことができるはずだ。ちなみに、藤井さんのモットーは、「常識を疑え」だそうだ。

本書は、そのためのヒントを得られるよう、また一歩を踏み出そうとしている人の背中を押すよう、『孫子』からエッセンスを抽出している。「〇〇しかない」から「打つ手は無数にある」へ意識が転換し、どれほど時代や環境が変わっても立ち向かおうという勇気が得られたとすれば、本書の目的は達成されたことになる。

はじめに——「日々戦っている人」の必読書

◆「勝つこと」にこだわる世界最古の兵法書

あらかじめ定義しておこう。およそ仕事とは「戦い」である。だとすれば、勝たなければ意味がない。少なくとも、負けない術《すべ》を身につける必要がある。

こういう言い方をすると、殺伐《さつばつ》としたイメージを持つ人もいるかもしれないが、それは違う。あらゆるスポーツは勝負事だが、だからこそ面白いし、日ごろの厳しいトレーニングにも耐えられる。「別に勝敗はどうでもいい」「楽しめればそれでいい」という接し方では、かえって疲れるのである。モチベーションを失い、注意力が散漫になり、余計な部分に神経を削《そ》がれるからだ。

仕事も同様だ。それは、いわゆる「その道のプロ」と呼ばれる人を見てもわかる。とにかく結果を出すことを至上命題としているからこそ、気負いや迷い、あるいは人間関係のドロドロからも解放されている。その意味では、むしろプロに徹すると覚悟を決めたほうが、実は仕事がしやすいともいえるだろう。

その代わりに彼らが重視しているのが、勝つ（結果を出す）ためにどうすべきか、という「戦略」だ。各人それぞれ知見や経験に基づいた奥義《おうぎ》があるだろうが、歴史を繙《ひもと》いてその源流を辿《たど》っていくと、一冊の文献に行き着く。それが『孫子』である。

今から二千五百年ほど前の「春秋時代」に書かれたこの古典は、世界最古の「兵法書」として有名だ。著したのは、呉の国で将軍（軍事部門のトップ）として仕えた孫武《そんぶ》。したがって、けっして座学をまとめたものではなく、あくまでも実戦の中から編み出された書といえるだろう。

その実力は歴史が証明している。例えば当時、絶大な勢力を誇っていた楚の国と五度戦って五度とも勝利し、たちまち首都郢《えい》を陥落させて楚王を国外へ逃亡させたという。呉の国が格別に強い軍隊を持っていたわけではない。当時の戦争のあり方を、革命的に変えたのである。

それまでの戦争は、占いで勝利を祈願したり、個人の力量に負うところが大きかったり、儀礼的な暗黙のルールがあったりと、牧歌的または感覚的な側面があったらしい。だが孫武は、まさに「プロ」として「勝つこと」のみに執着した。それも、極力少ないリスクで高いリターンを狙うことを理想とし、そのための手段を選ばなかった。

それを象徴する言葉が、有名な「**兵とは詭道《きどう》なり**」（第一章　計篇）だ。「戦争とは相手を騙《だま》すこと」と看破したのである。

戦う前にあらゆる手を尽くし、情報を分析したり敵を混乱させたりする。あるいは味方を誘導してモチベーションを高める。その上で勝機を待ち、一気に攻める。そのノウハウを具体的かつ冷徹に記した実用書が、『孫子』なのである。

そこには、大局的な「戦争観」、状況に応じた「戦略論」、それに具体的な「戦術」が描かれている。いずれにしても、全編を貫くのは「いかにして勝つか」「いかにして負けない国をつくるか」という合理的な発想だ。

そしてもう一つ、着目すべき点は、その徹底した冷静さだ。

幸いにして私たちの多くは戦争を経験していないが、その渦中にある国は、温度の差こそあれ「熱くなる」ものだ。太平洋戦争時の日本では、国による国威発揚の下、メディアを通じて「鬼畜米英」「一億玉砕」「欲しがりません勝つまでは」といった言葉が飛び交った。「本土決戦」に備え、女性や子どもまで竹槍訓練を受けた。

今から考えればとても正気の沙汰とは思えないが、当時の国家はそんな熱気に覆われていた。だから太平洋戦争は三年半にもわたり、ついには膨大な犠牲者とともに各地が焦土と化すまで、誰も止めることができなかったのだろう。

こういう戦い方を、『孫子』はばっさり否定する。「イチかバチかの勝負」「気合を入れればなんとかなる」といった類《たぐい》の思考法は皆無《かいむ》だ。**戦争を扱った書物にもかかわらず、熱くなったりムキになったりするところが一切ないのである。**

その正当性は、歴史の荒波をくぐり抜け、今日もなお読み継がれていることからも明らかだろう。それだけ歴史を超えた真理が記されていると、古今東西の誰もが認めているわけだ。

◆「戦略的判断」を習慣化せよ

そこでまず、『孫子』の教えを最大限に吸収するためのキーフレーズを提示しておこう。**「戦略的判断により、○○する」がそれだ。**

昨今の若い人を見ていると、どうも成果より自分の感情を優先する傾向がある。「上司のことを考えるだけで胃が痛む」「取引先と話をするのは気が重い」といった具合だ。人間関係の機微《きび》を気にしすぎるともいえるだろう。

『孫子』は、そんな繊細な思考を一蹴する。成果を最優先すれば、好きだの嫌いだのと言っている場合ではない。「上司のハンコが必要だから、戦略的判断により、適度にゴマをすりつつ交渉する」「この商品をどうしても売りたいから、戦略的判断により、取引先と一席設ける」といった具合だ。

あるいは「退《ひ》く」という判断も必要だ。例えば、意地でも通したい企画があったとしよう。しかし上司との関係や社内事情、それに自分の社内でのポジション上、聞く耳を持ってもらえないことはよくある。そういうときに熱くなって無理をしても、あまり意味がない。冷静に「一時撤退」を選択し、攻めるタイミングを待つほうが賢明だ。

裏を返せば、「人格に一切アプローチしない」ということでもある。『孫子』の中に、人間性や感性といった人格についての言及はほとんど登場しない。このあたりは、同じく中国の古典であり、「人間としてあるべき姿」を追求した『論語』と対照的だ。人間性がどうであれ、事の成否は戦略のみによって決まると説いているのである。

たしかに私たちにとって、感情の問題はきわめて大きい。その最たるものが、「嫉妬《しっと》」だ。これは「グリーン・アイド・モンスター（緑の目をした怪物）」と呼ばれるほど、放っておくと〝成長〟してしまうやっかいな感情である。

例えばシェイクスピアの四大悲劇の一つ『オセロ』には、イヤーゴという嫉妬の塊《かたまり》のような人物が登場する。彼はオセロの成功を妬《ねた》むあまり、その妻デズデモーナが浮気していると信じ込ませ、やがて二人を死に追いやってしまうのである。

哲学者ニーチェは、著書『ツァラトゥストラはかく語りき』の中で、こういう人間の下賤な感情を「蝿《はえ》」と表現した。そして市場には蝿が無数に飛んでいるから、「孤独に逃れよ」「強壮の風の吹く場所へ逃れよ」「蝿叩きになることは、君の運命ではない」と説く。世俗にまみれて煩わしい思いをするのではなく、単独者として生きよという力強いメッセージだ。

ただ現実として、私たちはそう簡単に〝世捨て人〟になるわけにはいかない。しかし精神的に孤独に逃れることはできる。それが戦略的判断なのである。

◆「戦略」は感情に勝る

およそ「プロ」と呼ばれる人は、たいてい戦略的判断を重視している。

例えば以前、作詞家としてのみならず各方面で活躍されている秋元康さんと対談させていただいたとき、**「何であれ、売れているものは必ずリスペクトする」**という話をされていた。

私たちはふだん、自分がよく知らない分野のヒット商品に対し、〝上から目線〟で「こんなものが売れるなんて……」と一笑に付してしまうことがよくある。そもそも興味すら持たないかもしれない。

だが、秋元さんは違う。たとえ自分の知らない分野でも、流行やヒット商品と呼ばれるものはひととおり目を通すという。その上で、売れた理由を考えたり調べたりする。そこから、ご自身の仕事へのヒントを探っているそうである。

もちろん、誰しも個人的な好き嫌いはあるだろう。まして感性が鋭いほど、「こんなものが……」と思うのも無理はない。しかし、自分の感性や価値観だけに判断基準を置かず、まずは市場の結果を尊重する。それは「謙虚」というより、まさに「戦略的判断」に徹しているということだ。

好き嫌いとは無関係に、好奇心のネットワークを広げて合理的に思考し、自分のアウトプットにつなげていく。この一連のサイクルの中で、人に対して傲慢《ごうまん》な態度を取ったり虚勢を張ったりする必要性はまったくない。日々のコミュニケーションの中から情報を拾っていくとすれば、かえって耳を塞《ふさ》いでしまうことになりかねない。

それに、毎日が真剣勝負だから、自分の心の問題にかかずらっている場合でもない。必然的に前向きにならざるを得ない。つまりプロフェッショナルに徹するほど、結果として人格的にも幅が広がっていくわけだ。

むしろ周囲に対して威張ったりするのは、自分の感情をコントロールできていない証拠である。それでも仕事のできる人はいるかもしれないが、あまり戦略的とはいえない。周囲から積極的な協力を得ることは難しいから、この時点で敗色濃厚だ。

変化の激しい業界、領域ほど、自分の状況を客観的に把握する戦略的判断が必要となる。例えば芸能界は、周知のとおり、きわめて潮の流れが速い社会である。何かのきっかけで売れ出したタレントでも、少し風向きが悪くなれば、たちまちテレビから姿を消す。あるいは、まさに掌《てのひら》を返すように周囲の人の接し方が変わる。まして、ちょっと売れたからといって横柄な態度を取れば、悪評だけが独り歩きをする。その毀誉褒貶《きよほうへん》の激しさは、他にあまり類がないだろう。

そんな社会に身を置いていると、「世間は厳しいものだ」という認識を持たざるを得なくなる。そこで厭世《えんせい》的または悲観論者になると、もう芸能界を去るしかない。「そういう世界だ」と割り切って現実的・合理的に判断すれば、どこまでも謙虚で愛想よくしたほうがいいことは容易にわかる。それができてこそ、生き残っていけるのである。長く活躍している人ほど、そのことを熟知しているに違いない。

◆「プロ」に徹すれば、厳しくも楽な世界が待っている

もっと端的な例が、外科医の仕事だ。患者がどんな人格を持ち、何を思っていようと、病気やケガを治すために必要とあらば手術を選択せざるを得ない。もちろん自身の気分やコンディションなども、入り込む余地はない。これもまさに戦略的判断である。

比叡山の千日回峰行《せんにちかいほうぎょう》を成し遂げられた大阿闍梨《だいあじゃり》の光永覚道《かくどう》さんは、その最中、ご自身の体温を測ったことが一度もないそうである（『千日回峰行』春秋社）。仮に熱があっても、行を続けることに変わりはないのだから意味がない、ということらしい。実際、もし体調が悪くなっても、回峰行を続けることで吹き飛ばしていたのではないだろうか。

さらに例を挙げるなら、私の知り合いに、齢《よわい》七十を過ぎてなお意気軒昂《いきけんこう》な経営者がいた。氏は一つの事業が軌道に乗り出すと、それを丸ごと部下に譲ってしまうという。その上で、ご本人はまた新たな事業に乗り出すのである。

譲り受けた部下は、労せずしてリターンを見込めるといって喜ぶらしい。しか

し氏に言わせれば、「一度出来上がったものは面白くない」そうである。アイデアを出し、紆余曲折《うよきよくせつ》を繰り返して軌道に乗せるまでがビジネスの醍醐味《だいごみ》であるという。

そのプロセスでは、大変なプレッシャーやトラブルが待ち構えているはずである。もちろん、結局うまくいかず、あきらめてしまった事業も無数にあるだろう。しかし氏は、それをあえて求めているフシがある。緊張感や成功したときの充実感を楽しむというより、これこそが経営者である自分の使命と腹を括《くく》っているからではないだろうか。だとすれば、まさに真の経営者である。

いずれにも共通しているのは、これが「プロ」の姿であるということだ。自分に要求されていることを全《まっと》うする。常に期待どおり、または期待以上の結果を出す。そのために、自分の都合を後回しにする。だから周囲からも信頼されるのである。

傍《はた》から見ていると、こういう「プロ」の日常は過酷なように思える。責任は重いし、不安も大きいし、結果しだいで周囲の人にも少なからぬ影響を及ぼす。時として逃げ出したくなったとしても、不思議ではない。

しかし当人たちにとってみれば、実はそれほど苦ではないかもしれない。**過酷な状況だけに、自分の心がブレる余裕を持たないからだ。**むしろ重圧をエネルギーに換えることで、プライベートの悩みやトラブルを吹き飛ばしている可能性もある。だから忙しい日々の中で一流の仕事をしつつ、心も穏やかに保てるのである。

逆に、仕事がない状況のほうがよほど辛いだろう。それは単に職や肩書の有無ではなく、人から期待されているか、どの程度任されているかという問題でもある。この部分が弱いと、心もブレやすくなる。したがってますます仕事に身が入らず、さらに心が波立つという悪循環に陥《おちい》っていくのではないだろうか。

◆「仕事はゲーム」と割り切れば

私の教え子たちも、それぞれ就職先で何らかの問題に直面している。特に、初めて出会った上司・同僚との人間関係において、戸惑うことが多いようだ。むしろ順風満帆の者のほうが少ないだろう。中には、そのために悩み、必要以上にストレスを溜め込んでいる者もいる。

そんな彼らにアドバイスする際、私が真っ先にかける言葉は、やはり「戦略的判断をしろ」だ。

毎日顔を突き合わせていると、些細《ささい》なことで関係がこじれたり、好き嫌いがはっきりしてきたりすることがある。これは仕方のないことで、いくら悩んでも解決できるものではない。

そこで必要なのが、冷静に状況を整理してみることだ。上司・同僚との関係は、永遠に続くものではない。会社にもよるが、せいぜい数年のうちに異動や転勤がある。あるいは最近は、自らアピールすることで希望の部署へ移れるケースもよくある。または技術・ノウハウを早期に身につければ、転職の道も開けてくる。

だとすれば、現状を悩むだけムダだろう。たとえ嫌な思いをしても割り切って、数年後に自分がどうしているか、どうしていたいかをイメージする。あるいは今の自分に何が足りないのかを見きわめる。そこから逆算すれば、今の自分が何をすべきかが見えてくるはずだ。これが戦略的判断というものである。

当然ながら、戦略的判断において特殊な能力は必要ない。やろうと思えば誰にでもできる。要は、そういう発想を学んでこなかっただけだ。例えば「戦略的判断により、向こう三年で技術をマスターする」でもいいし、「戦略的判断により、とりあえず上司には徹底的に愛想よく接する」と決める手もある。

こうしてある程度割り切ることが、社会をうまく渡っていく秘訣だ。それに、これらの〝戦略〟が実現するかどうかはともかく、一度決めて感情と切り離せば、気が楽になることは間違いない。

冒頭に述べたとおり、仕事の目的が「勝つこと」ならば、それは突き詰めればスポーツやゲームと同じだ。**だとすれば、〝敵〟は強いほど、〝壁〟は高いほどモチベーションが上がり、アグレッシブになれる。**どう策を巡らして〝クリア〟するかが、腕の見せどころになるからだ。これこそ『孫子』的な発想といえるだろう。

本書では、『孫子』に記された特徴的な言葉を取り上げつつ、現代に置き換えて読み解いていくことにする。日々戦いを挑んでいる人、あるいは心を楽にしたい人にとって、きっと〝目から鱗《うろこ》〟の経験となろう。

彼れを知り己れを知らば、
百戦して殆うからず

なお、『孫子』は「将軍」のための書である。これは前述のとおり、国王に雇われた軍事部門のトップという位置づけだ。

今の社会において、「将軍」を自認する人はいないだろう。だが、ある種の中間管理職と考えれば、当てはまる人は格段に増えるはずだ。さらに肩書はどうであれ、会社や取引先に対して何らかの責任を負っている人と捉えれば、該当しない人のほうが少ない。自らの意思決定が誰かに影響を及ぼすのなら、その範囲において「将軍」たる必要があるわけだ。以下、その前提で『孫子』を読み解いていくことにする。

仕事に効く！「孫子の兵法」目次

文庫版のためのまえがき――「戦略的思考」のすすめ

はじめに――「日々戦っている人」の必読書

第二章　「勢」を味方につけよ

第三章　ビジネスパーソンが考えるべき「策」とは

第四章 強い組織は「将」がつくる

第五章 そして、いざ〝戦闘〟へ

『孫子』の引用は浅野裕一著『孫子』（講談社学術文庫）に基づきました（一部読み仮名を新たに追加しました）。また翻訳に当たっては同書を参考にし、アレンジを加えました。

第一章

勝負は戦う前についている！

1　勝つための五つの条件——「道」「天」「地」「将」「法」

◆事前の〝情報戦〟が戦いを制す

古い話になるが、一九九六年のアトランタ五輪で起こった「マイアミの奇跡」を覚えている人はいるだろうか。サッカー日本代表が、あのブラジル代表に「一－〇」のスコアで勝利したのである。日本プロサッカーリーグ（略称Jリーグ）が発足して間もないこの当時、全国が沸き立ったことはいうまでもない。日本サッカー史上に残る大奇跡である。

しかし関係者によれば、あの勝利は周到に用意した戦略が奏功した結果だという。ブラジルチームには、ディフェンダーとゴールキーパーの連係が悪いという弱点があった。それを事前に調べ上げ、ある一点にボールを放り込めばチャンスが広がると確信していたらしい。貴重なゴールは、試合中にその機会を虎視眈々《こしたんたん》と狙った結果というわけだ。

スポーツの世界では、対戦相手の情報を事前に徹底的に収集し、分析し、弱点などを割り出して勝機を見出《みいだ》すことが当たり前だ。これを「スカウティング」というが、こんな事前の情報戦の優劣が大勢を決するといっても過言ではない。

ビジネスの世界でも、〝情報戦〟はきわめて重要だ。顧客や取引先は何を欲しているか、ライバル企業はどういう戦略を立てているか、景気や社会の動向はどうか、あるいは上司・部下は何を考えているか等々、探るべき情報はいくらでもある。

それを踏まえた上で、どう動くかを決めるのが筋というものだ。交渉事であれ、プレゼンテーションその他であれ、表舞台に立つまでの地道で綿密な準備こそ、仕事の大半を占めるのではないだろうか。

だとすれば、『孫子』はきわめて今日《こんにち》的な戦略書といえるだろう。「**戦わずして人の兵を屈するは、善の善なる者なり**」（第三章　謀攻篇）と、「**戦わずして勝つ」ことを最善の方策とし、事前の分析がそれを可能にすると再三にわたって説いているからだ。**

しかも、その教えはきわめて具体的だ。「**之《こ》れを経《はか》るに五を以《もっ》てし**」、すなわち

「これ（死生の地、存亡の道）を事前に謀《はか》り考えるために、五つの基本事項を用いる」と述べている。この五つの検討項目とは「道」「天」「地」「将」「法」であるとして、「**凡《およ》そ此《こ》の五者は、将は聞かざること莫《な》きも、之《こ》れを知る者は勝ち、知らざる者は勝たず**」（第一章　計篇）、つまり「将軍なら誰でも見聞きしているはずだが、より深く知っている者が勝ち、表面的にしか知らない者は勝てない」と断言する。単に情報を収集・分析するだけではなく、それぞれの項目について自軍に有利になるよう操作・誘導せよ、というわけだ。

◆仕事の環境を味方につけよ

では、それぞれどういう意味か、具体的に見てみよう。

まず「道」とは、今風にいえばチーム内の情報ネットワークを指す。上下・左右にスムーズに情報が流れ、それを共有すること。あるいはそれをベースとして、組織全体の意思統一が図れていること。いわゆる「風通しのよい組織」でなければ勝てないということだ。昔も今も、これは組織論の基本だろう。

また「天」と「地」の本来の意味は、文字どおり天候と地形だ。戦場でこれらを把握することがいかに重要かは、容易に想像できる。一方、今日のビジネス現場では、重要度はさほど高くないかもしれない。

しかし、ざっくりと「環境設定」に置き換えれば、がぜん考慮の対象となろう。『三国史演義』に描かれた諸葛孔明《しょかつこうめい》でもないかぎり、私たちは天候と地形を操れない。だが職場の環境ならある程度変えられるし、それによって自分に有利な状況をつくることもできるはずだ。

例えば部下・後輩に何らかの注意を与えるとき、自分の机に呼びつけるか、自分から相手の机に出向くか、人目を避けて会議室を使うか、それとも廊下などでたまたますれ違う機会を待つかによって、相手が持つ印象はずいぶん違ってくる。伝えるべき中身によって、タイミングも考える必要があるということだ。

あるいは会議での席の配置も、工夫の余地がある。私の大学のゼミでは、コロナ以前ならテーマや内容によって机を大きく移動することを常としていた。「コ」の字形にすることもあれば、いくつかの〝島〟に分けることもある。それで議論が効率的かつ活発になるのなら、むしろ移動しないほうが不自然だ。

リモートワークが多くなり、相手と直接会う機会は減っているが、難しい交渉の場合、**相手の対面に座るより、角を使って「く」の字形に座ったほうがフレンドリーな雰囲気になりやすい。**

少人数・短時間で済ませるなら、会議室ではなくラウンジの丸テーブルなどを立ったまま囲んだほうが理に適っている。気分を変えるなら、いっそ喫茶店に行ったりホテルの会議室を借りたりする手もある。相手のテリトリーで会うか、自分で場を用意するかによっても、環境はずいぶん変わるだろう。

◆一人仕事にも〝敵〟はいる

　また、「天」「地」が重要なのは、コミュニケーションにおいてだけではない。仕事がスポーツやゲームのようなものだとすれば、たしかに〝敵〟はある程度強いほうが盛り上がる。だが仕事の内容によっては、〝敵〟を想定しにくい場合もある。一人でのデスクワークなど、その典型だ。そういうときの〝敵〟は、内なる自分、つまりどれだけモチベーションを維持できるかになるだろう。

　その際も、環境の演出は重要だ。**やる気がなくなってきたりうまく進まなくなったりしたら、近所のカフェや喫茶店にでも場所を移したほうがいい。**空気や景色が変わると、頭のスイッチも切り替わるからだ。

　かくいう私も、自宅で原稿を書く作業は困難をきわめる。一見するとリラックスして取り組めそうだが、自宅には犬がいる。子どももいる。テレビもある。つまり、リラックス効果がありすぎるのである。

　こういう空間で無理に集中力を高めようとしても、かえって疲れるだけだ。それなら、ほんの十五分でも三十分でも近所のカフェに飛び込んだほうが、よほど捗《はかど》るのである。

それにカフェは、意味もなく気分をハイにしてくれる。例えば、自分にとって都合の悪い、できれば見たくない書類に目を通す仕事があったとしよう。往々にして先送りしがちで、ギリギリになって催促され、仕方なく取りかかるのが常である。

そういうときも、カフェならなんとなく気楽に始められるし、ネガティブ情報に接しても「まあしようがないか」と受け止められるのである。ささやかではあるが、これも「戦略」の一種といえるだろう。

ついでにいえば、「天」と「地」には、場所だけではなく仕事の段取りも含まれよう。小説家や漫画家の中には、一日の仕事をキリのいいところで終えるのではなく、さらにもう一行、もう一コマ書いておく人が少なくないという。そうすると、翌日もスムーズに書き始めることができるらしい。

この工夫には、多くの人が共感できるはずだ。完全に区切りをつけて終えると、翌日の仕事はゼロからのスタートになる。何をすべきか迷うことから始めなければならないかもしれない。しかし多少なりとも〝あたり〟をつけておけば、翌日はそれを引き継げばいいだけになる。

エンジンは停止したり動かしたりを繰り返すより、ずっと稼動させておいたほうが燃費がよい。それと同じ理屈だ。

特に調子よく仕事をしたときなど、その〝余熱〟で翌日の仕事の先取りをすることは、まったく苦ではないはずだ。あるいは本流の仕事ではなくても、勢い余って生まれたアイデアをその場でメモしておくような形でもよい。いずれにせよ、何もせずに冷ましてしまうほうが惜しい。せっかく勢いがついたのなら、それを少しでも持続させることを考えるべきだろう。

◆自分に合った道具を使いこなせ

仕事で使うさまざまな道具も、現代版の「天」と「地」といえるだろう。いわば〝武器〟のようなものだから、うまく使えば強力な相棒になってくれるし、使いこなせなければかえってストレスのもとになるだけだ。

私の友人はかつて、携帯電話をスマートフォンに替えて以来、国内外への出張にパソコンを持参しなくて済むようになったそうである。今や、どんな仕事でもパソコンは不可欠だろう。たしかに、当時のパソコンは持ち歩くとなると、大きいし重かったので、スマートフォンの恩恵に浴した人は多かっただろう。

ただし、スマートフォンが誰にとっても都合がいいとはかぎらない。機能や使い勝手の面で、従来型の〝ガラケー〟のほうが使いやすいという人もいるだろう。重要なのは時流に乗ることではなく、あくまでも自分との相性で決めることだ。

例えば、昨今は電子書籍が普及し、そのための端末もいろいろ登場している。「Kindle」のように読書専用のものもあれば、「iPad」のように多機能のうちの一つとして組み込まれているものもある。自分にとってどちらがより有用か、よく吟味する必要があろう。

あるいは手帳にしても、多機能な電子手帳がいいという人もいれば、昔ながらの手書きのほうがいい人もいる。さまざまな選択肢の中から、値段や見栄ではなく、自分の日常や仕事と相談しながら決めればよい。

もっとも、最初はまったく知らなかったり、あるいは不要と思っていた機能でも、使っているうちに便利さに気づかされることもよくある。できれば「試用期間」のようなシステムが欲しいところだが、そうもいかない場合が多い。今の時代は、失敗を覚悟の上で、いろいろチャレンジしてみるのもいいかもしれない。

私は手書きで文章を書くことも多いので、ボールペンを何種類も試している。黒・赤・青・緑にシャープペンまで付いて一本になった優れ物もある。その中でも、私はインクの出が特別いいもの（インクのなくなり方も早い）と通常のものを併用している。「iPad」と「iPhone」も併用中だ。併用してみることで自然に選択がやがてなされる。

ダーウィンのいう「自然選択（ナチュラル・セレクション）」による進化プロセスを、自分の仕事のフィールドで起こすには、食わず嫌いをなくし、とりあえず「併用方式」にするのがいい。

◆誰もが「エグゼクティブ」にならなければ、生き残れない

「将」は将軍の資質、つまりリーダーとしてのマネジメント能力を指す。

およそ将軍たるもの、「**智・信・仁・勇・厳**」（第一章　計篇）が必要であるという。状況から先を見通す智力があり、部下に信頼され、部下を思いやり、困難に勇敢に立ち向かい、ルールに対する厳しさを持つ、といったところだろう。

だとすれば、これらはどんな社会人にも必要な要素である。冒頭に述べたとおり、肩書がどうであれ、責任を負って働く以上は「将」の意識が求められるわけだ。またそういう「将」に率いられた組織は、二千五百年前も今も強いのである。

特に昨今の会社は、景気を反映して少数精鋭を志向しつつある。年功序列も終身雇用も崩壊気味であり、しかも個々人に求められる役割は格段に増えている。

したがって、採用時に重視するのも総合的な人間力だ。かつてのように、「ある程度の大学を出ていればＯＫ」「愛想と人あたりがよければ通用する」という時代ではない。まして、「言われたことだけきちんとやる」ような人材も不要だ。

求められるのは、ある程度の仕事を任せられる人、同じ仲間として責任を分担できる人だ。いわば、各人が「エグゼクティブ」になる必要がある。自らの意思でリスクを取って動き、周囲を巻き込むぐらいでなければ、〝少数〟には残れないだろう。

かつての日本社会なら、能力が高かろうが低かろうが、所得差はさほど大きくなかった。例えば典型的な競争社会であるはずのプロ野球の世界にしても、大スターの王貞治や長嶋茂雄とそれ以外の一軍選手との年俸差は、比較的小さかった。プロ野球選手初の年俸一億円プレーヤーは、一九八六年の落合博満と東尾修である。王も長嶋も、あれほど全国を沸かせ、視聴率を稼ぎ、球団のみならず球界にも莫大な利益をもたらしたにもかかわらず、一度も一億円には届かなかったわけだ。

あるいは社会全体で見ても、各業界ではいわゆる「護送船団方式」が機能していた。官僚主導の下、一部を突出させない代わりに、落ちこぼれもつくらずに調和を保ってきたわけだ。これが年功序列・終身雇用という安定した日本社会の下支えになっていた。

それが今では、すっかり崩れてしまった。プロ野球の世界も、年俸数億円の選手がいる一方、故障したらすぐに「育成選手」契約になって年俸が激減する選手も多数にのぼる。実力の世界だけに仕方のない面もあるが、こういう傾向が一般社会にも浸透しつつある。

残念ながら、この流れを元に戻すことは難しいだろう。海外に目を転じれば、中国やインドといった新興国は、きわめて元気がいい。特に若い人を中心に、「もっと豊かになりたい」「努力すれば報われる」というメンタリティが定着しているからだろう。日本の若者も、好むと好まざるとにかかわらず、彼らと伍《ご》して戦っていかなければならないのである。

だからこそ『孫子』的な発想が輝きを放つ。もはや「まじめにコツコツ働いていれば、それなりに生活できた時代」から「誰もが将を目指すべき時代」に変わったことは明らかだ。その覚悟を決める意味でも、遠い昔の戦略書が役に立つ。「将」の何たるかは、責任ある仕事に従事するすべての日本人が学ばなければならないのである。

見方を変えれば、誰でも「将」として一人立ちするチャンスに満ちているということでもある。

◆社内の「暗黙のルール」を明文化せよ

そして最後の「法」は、軍法や規律・ルールを意味する。今風にいえば「コンプライアンス（法令遵守《じゅんしゅ》）」と解釈できよう。あるいはチーム内でルールを定めることは、機能的に動く第一歩でもある。しかし、これだけでは不十分だ。

どのような組織にも、仕事の進め方や人間関係において暗黙のルールが存在する。「何か提案するなら、A主任に言うよりB課長に言ったほうが早い」「Cさんの前でDさんの話はしない」「飲み会を開くなら幹事はEさん、会計係はF君」といった類である。けっして明文化されることのない、内輪のルールが存在するわけだ。

中には、不合理なルールもある。知らずに〝地雷〟を踏んで、人間関係をこじらせてしまうこともある。しかし、これらを早く察知して〝遵守〟すれば、必然的に仕事はやりやすくなる。それ自体が一つの能力といえるだろう。風を読み、それをエネルギーに換えて前進する、いわば帆船のような感覚が求められるわけだ。

その力を身につけるには、自ら明文化してみるのが手っとり早い。例えば社内の会議に初めて参加すると、誰と誰が険悪か、誰が誰に気を使っているかなど、ちょっと観察していると人間関係の縮図が見えてくる。その〝相関図〟を、手元の手帳にメモしていくわけだ。

もちろん、実名で書くと、万が一、他人に見られたときに都合が悪い。自分にしかわからない記号で記したほうがいいだろう。この作業は組織を観察する訓練になるし、その中でどう身を処すかという「戦略的なメモ」にもなる。結果的に、その組織の中で動きやすくなるはずだ。

実際、同時期に入社しても、なかなか場に馴染《なじ》めない者もいれば、もう何年も前から在籍しているような印象を与える者もいる。その差は本人の性格やコミュニケーション能力というより、こういう戦略の有無によるのではないだろうか。

私のかつての教え子の中にも、新卒で入社して一カ月も経たないうちに、上司から「ずっと前からいる気がする」と言われた者がいる。本人にその秘訣を尋ねると、やはり「ルールを早く見きわめること」だという。状況に応じ、「この場面ではきちんと発言する」「ここではちょっとフランクに」といった具合にメリハリをつけることで、その場を居心地のいい環境に変えることができるそうである。

あるいは私が送り出した教育実習生の中にも、わずか一～二日で実習先の校長先生と教頭先生を〝籠絡《ろうらく》〟した者がいる。要因は同じだ。ただし、本人はその後、民間企業に就職した。企業側から熱烈に誘われたためだ。企業側としても、こういう能力を持つ人材を熱望しているということだろう。

以上、『孫子』が「これを知る者は勝つ」と説く「道」「天」「地」「将」「法」について、現代のビジネスシーンに置き換えて解釈してみた。まずは自らが「将」であるとの覚悟を決め、あらためて仕事の環境を見直してみていただきたい。いろいろ「知らざる者」だったことに、気づくことができるに違いない。

「凡《およ》そ此《こ》の五者は、
将は聞かざること莫《な》きも、
之《こ》れを知る者は勝ち、知らざる者は勝たず」

（第一章　計篇）

（「道」「天」「地」「将」「法」は、将軍なら誰でも見聞きしているはずだが、より深く知っている者が勝ち、表面的にしか知らない者は勝てない）

現代人のための『孫子』メソッド

交渉する場合、角を使って「く」の字形で座る。やる気がなくなってきたりうまく進まなくなったりしたら、近所のカフェにでも場所を移す。

2 「己れ」をどれだけ知っていますか

◆「彼れを知る」のも重要だが……

『孫子』にある有名な言葉に、「**彼《か》れを知り己《おの》れを知らば、百戦して殆《あや》うからず**」（第三章　謀攻篇）がある。

すでに述べてきたとおり、たしかに戦争であれ、スポーツであれ、ビジネスであれ、相手のことを知らずに闇雲に戦っても勝ち目はない。冷静に、冷徹に分析する労力は欠かせないのである。ちなみにこのメッセージは、『孫子』の中に言葉を換えながら何度も登場する。

ただし、それだけでは足りない。この言葉は「彼れを知り」の部分ばかりが注目されるが、もっと重要なメッセージは「己れを知らば」にある。

「自分のことは自分でよくわかっている」と思いがちだが、それこそが己れを知らない証拠だ。

それによる〝悲劇〟のパターンは、大きく二つある。一つは、自らの力を過信してしまうケース。自己評価はどうしても甘くなりがちだが、それではいくら相手の実力を分析しても、冷静な比較にはならない。自分を過小評価していれば結果的に救われる場合もあるが、逆なら惨敗するだけだ。

もう一つは、組織内で情報が共有されないパターンだ。二〇一一年に起こった東日本大震災による原発事故では、テレビ等で見ているだけでも政府の混乱ぶりが窺えた。現状はどうなっているのか、それを政府内の誰がどこまで把握しているのか、情報をしかるべき各機関がきちんと共有しているのか等々、ずいぶんハラハラさせられたものである。

これほどの大事故ではないにせよ、通常のビジネスでも、情報が組織内のどこかで滞《とどこお》ることはよくある。とりわけ多いのは、部下から上司へ報告が上がらないパターンだ。

部下にとってみれば、自分の評価が下がるようなネガティブな情報は、できれば上司に伝えたくない。ふだんのコミュニケーションが不十分ならなおさらだ。何か尋ねられても、適当に「大丈夫です」「ちゃんとやってます」と先送りし、その間に少しでもマイナスを取り戻そう、できればプラスに持ち込もうとする。だが結局、上司の与り知《あずか》らぬところで事態はますます悪化し、気づいたときには収拾がつかなくなる、というパターンに陥る。「どうして今まで黙っていたんだ？」と上司が部下を問い詰めても、もう後の祭りである。組織として「己れを知る」努力を怠った報いを受けるわけだ。

『孫子』の、「彼れを知り己を知らば、百戦して殆《あや》うからず」に続く文句を紹介しよう。**「彼れを知らずして己を知らば、一勝一負《いっしょういっぷ》（勝ったり負けたり）す。彼れを知らず己れを知らざれば、戦う毎《ごと》に必ず殆《あや》うし」**。

◆部下が自分をどう見ているか

心理学の世界にある「ジョハリの窓」というモデルをご存じだろうか。

縦軸と横軸を十字に引き、縦軸の上に「他人が知っている」、下に「他人が知らない」を、横軸の左に「自分が知っている」、右に「自分が知らない」を取る。すると、左上の窓は「他人も自分も知っている自分」ということになる。い

「ジョハリの窓」と孫子の兵法

「ジョハリの窓」は、心理学者ジョセフ・ルフトとハリー・インガムが発表したもので、２人の名前を組み合わせて「ジョハリ」と呼ばれる。

相手も自分も知らなければ「戦う毎《ごと》に必ず殆《あや》うし」（第三章謀攻篇）なのはもちろんだが、相手を知るだけではなく、自分を知らなければ、「盲点」を突かれることになる。

わば〝オフィシャル〟な自分であり、人とのコミュニケーションはこの部分をベースに成立する。指摘を受けて修正する、といった対処も可能だ。

左下・右下の窓については省くが、問題は右上、つまり「他人は知っているが自分は知らない自分」の窓だ。これは最大の〝デンジャラス・ゾーン〟であり、自分が思っている自分像と、周囲が自分に対して抱いている印象は必ずしも一致しない。むしろ、そのギャップは本人の想像以上に大きいのである。

例えばスポーツ選手の場合、いわゆる「二年目のジンクス」に陥ることがよくある。デビューした年は新人として大活躍できたのに、翌年から人が変わったように低迷するのである。

これは本人の慢心もさることながら、対戦相手が一年目のデータをもとに分析を行ったからだ。本人が気づかない弱点に対戦相手が先に気づいたとしたら、勝負は火を見るよりも明らかだろう。なおかつ本人が気づかなければ、やがてパニックを起こし、フォームまで崩し、立ち直れないほどの深手を負うことになる。

もっと卑近《ひきん》な例でいえば、「あの人は同じ話を何度も繰り返す」「口調が横柄で偉そう」「酒グセが悪い」「一人で悦《えつ》に入《い》っているらしい」「オヤジギャグで周囲を凍りつかせる」といった陰口の類が典型だ。本人さえ気づいていない〝個人情報〟が、周囲で共有されているわけだ。

ただ、この程度なら、そう大きな問題ではない。問題なのは、「できる人」を自認している「できない人」だ。誰でも自己評価は甘くなりがちなので、けっしてレア・ケースではない。

こういう人とは一緒に仕事をしにくいので、周囲の人も離れていくだろう。表向きの情報や協力しか得られなくなるはずだ。だとすれば、「彼れ」を知ることも難しくなる。

まして、人の上に立つ身だとすると、いよいよ危険だ。**誰も注意できないため、勘違いしたまま、〝できなさぶり〟に拍車がかかるおそれがある。**

ひと昔前なら、そういう上司でも部下は従わざるを得なかった。適当に話を合わせ、持ち上げ、キャリアの一環と割り切って関係を維持する猛者《もさ》もいた。それによって組織全体の調和が保たれていた面もある。

ところが昨今の若い人は、メンタル面が弱い分、ちょっと嫌なことがあるとすぐに退職しかねない。これは会社にとって大きな損失だから、阻止するために配置転換の希望を聞き入れる制度を設けたりしている。あるいは上司の管理の範囲に、部下のメンタル面のケアまで含まれるようになっている。もはや部下が上司に従う時代ではなく、上司を選ぶ時代なのである。

選ばれない上司は、必然的に「管理職失格」と見なされる。そこで初めて「自分は〝できる上司〟ではなかったのか」と気づいても、もう遅いのである。

◆「己れを知る」ためには周囲に聞くのがいちばん

そこでまず、ちょっとした「自己分析」を試みていただきたい。次ページの図のように、やはり十字に線を引き、縦軸の上に「愛想がいい」、下に「愛想が悪い」を取り、横軸の左に「仕事ができる」、右に「仕事ができない」を取る。誰もが、この四つの窓のうちのどれか一つに当てはまるはずだ。

職場での姿を冷静に振り返ってみたとき、自分は果たしてどの窓に該当するだろうか。左上であれば申し分ない。だが右下だとしたら、少し身の処し方を考え

	仕事ができる	仕事ができない
愛想がいい	仕事ができて、愛想もいい	仕事はできないが、愛想がいい
愛想が悪い	仕事はできるが、愛想が悪い	仕事ができないうえに、愛想も悪い

たほうがいいかもしれない。

しかし、本題はこれからだ。重要なのは自己分析そのものではなく、上司や部下が自分をどの窓に当てはめるか、それが自己分析とどれほどギャップがあるかだ。だいたい内輪の飲み会や給湯室での話題といえば、社内の誰か（特に上司）をどこかの窓に当てはめて肴《さかな》にするのが定番だ。しかし、その情報はけっして本人には伝わらない。だから恐ろしいのである。

その意味で、上司受難の時代といえるだろう。かえって上司のほうが、部下との関係に悩んで精神的にまいってしまうケースも少なくない。

ただ私の知るかぎり、それは上司の能力や性格の問題というより、組織内のコミュニケーション技術の問題だ。お互いに知り合おうという気運がないために、なんとなく空気がギスギスしてしまう。だから仕事のモチベーションも上がらず、上司に責任転嫁して不満を募らせていく。しかも、それを発散する場がないため、ますます雰囲気が悪くなる。そんな悪循環に陥っている組織が少なくないのである。

私が企業から依頼をいただくセミナーや講演には、「コミュニケーションをテーマに」というものも多い。職場の雰囲気を改善したいが、家族や友人関係ではないから、あまりベタベタするのもおかしい。お互いに適度な距離感や敬意を保った接し方はできないか、というわけだ。

その第一歩は、前述した自他のギャップを埋めること、つまり「他人は知っているが自分は知らない自分」の窓をできるだけ小さくすることだ。そのためのもっともストレートな方法は、自ら周囲に聞いて回ることである。

とはいえ、「僕（私）のことをどう思う？」では妙な空気が漂いかねない。「腹を割って話そう」と飲みに誘うのも、迷惑がられるおそれがある。しかし、**例えば部署内で進行中のプロジェクトについて、「忌憚《きたん》のない意見を聞かせてくれ」と問いかけることは可能だろう。**

対面では答えにくそうなら、メールや匿名のメモ書きでもよい。「たったひと言でもいいから」として、必ず提出するよう促すことがポイントだ。その中から、リーダーである自分に対する批判や意見を汲み取ることができるはずだ。

それはちょうど、多くの店が店頭やネット上で、「お客様の声をお聞かせください」と意見・要望を募るのと同じ発想だ。中には、意見を寄せてくれた客に対して、割引などのサービスを提供する店もある。それだけ客の声は貴重ということだろう。この社内版と考えればわかりやすい。

◆「できれば……」の背後にある切実な希望を見逃すな

私がこういう方法を推奨するのは、実践して手応えを感じているからだ。

私は、対面授業を行った学生から出席票を回収する際、裏に授業に関するコメントを書くようお願いしている。

そうすると、「話が長すぎる」「今までの授業でいちばんよかった」などの意見や、「今度はこんな本を取り上げてほしい」といったリクエストまで、実にバラエティ豊かな声が集まる。学生たちがこの授業をどう受け止めているのか、何を面白いと感じるのか、生々しいほどにわかるのである。

それに、時間の短縮にもなる。学生一人一人に意見を聞いていたら、それだけで授業時間が終わってしまう。しかし出席票に書いてもらうだけなら、授業時間のロスはゼロに近い。私もサッと読めるから、貴重な情報である上に、まったく負担にならない。

ときには私の思惑とズレることもあるが、それもまた一興。これによって「己れを知る」ことができるし、授業でフィードバックすることもできる。授業の充実度が上がれば、学生の意欲も増す。こんな好循環が生まれたのである。

ただし、聞き方にはちょっとしたコツがある。客対店なら遠慮のない意見が寄せられるかもしれないが、学生対先生、まして部下対上司となるとさすがにそうはいかない。よくあるのが、「できれば……」とか「どちらかというと……」なども前置きし、オブラートに包んで主張するパターンだ。

だが、これを額面どおり「できればのレベルでいいんだな」と受け取ってはいけない。あくまでも婉曲《えんきょく》的に表現しただけで、切実な希望だったりするのである。

しばしば「日本人は本音を言わない」と批判または揶揄《やゆ》されることがある。しかし、それこそが日本的な社会性ではないだろうか。本音をぶつけ合うことは、お互いの関係を悪くする危険性が高い。それをオブラートに包んで表現できるということは、むしろコミュニケーション能力が高い証拠である。そういう認識を前提として、上司は部下の声に耳を傾ける必要があろう。

それに、意見を聞いたからといって、一〇〇％応じなければならないというものでもない。特に会社の場合、部下の言い分ばかり聞いていては仕事にならない。上司として改めるべき点があれば改めるが、譲れない点があれば、そこから先は話し合いで解決していくしかない。

しかし、その〝どっかかり〟をつくるだけでも価値がある。さらに、お互いに歩み寄って解決点を見つけることができれば、「この上司は修正能力がある」と認められ、信頼されることになるはずだ。

◆「偏愛マップ」で「己れ」をさらけ出せ

そしてもう一つ、「己れを知る」前に、己れを周囲にさらけ出してしまう手も

ある。

私がある企業からの依頼で、やはり組織内のコミュニケーションを豊かにするためのセミナーを主催した際に、提案したのが「偏愛マップ」だ。

用意するのはA４またはB４の一枚のコピー用紙。参加者はあらかじめ、そこにそれぞれ「自分の好きなもの（本や音楽、スポーツ、学生時代のサークル活動、食べ物など何でもOK。ただし具体的に）」を自由なレイアウトで書き込んでおく。それをコピーして、会場で他の参加者に配布するのである。

たったこれだけで、会場はたちまちおおいに盛り上がる。いつも顔を合わせている上司・部下の意外な趣味を発見して驚いたり、嗜好《しこう》が同じで意気投合したり。ふだんはお互いのプライベートに立ち入らないという暗黙のルールがあり、それがある種の〝垣根〟になっていた。しかしこの場では、お互いにプライベートをさらし合うことで、〝垣根〟を低くすることができる。だから自然に打ち解けられるのである。

例えば五十歳過ぎの部長が「好きな音楽」としてもいろクローバーZを挙げ、若い女子社員から冷やかし交じりの拍手喝采を浴びていた。日常の職場では考えられない光景だろう。

もちろん、これは単なる懇親が目的ではない。何よりも重要なのは、雑談を通じてお互いの〝人となり〟を分かち合うこと。前述の「ジョハリの窓」でいえば、「他人も自分も知っている自分」の窓を拡大することで、相対的に他の窓を縮小させようというわけである。

こういうベースがあれば、日常的に意見が対立したり、叱ったり叱られたりしても、そう簡単に関係性が揺らぐことはない。より自由闊達《かったつ》な意見交換も可能になるだろう。雑談というと暇つぶしのようで軽視されがちだが、これが貴重な潤滑油になるのである。いわばセーフティネットの役割を果たしてくれるわけだ。夫婦や親子の関係が簡単には壊れないのと同じ理屈だ（もちろん例外も多いらしいが……）。

逆にいえば、雑談のような当たり前の行為が不足しているから、ちょっとした批判が「人格攻撃」として受け取られたり、些細な言動に神経を尖《とが》らせたりすることになるのである。「雑談力」を侮るべきではない。

ただ、もはや社員旅行の時代ではないし、社内の飲み会などもずいぶん減っていると聞く。「親睦を深める」という言葉自体、最近はあまり聞かない。

ならばせめて、誰かが音頭を取って「偏愛マップパーティ」のようなものを企画してみてはいかがだろうか。「百戦百勝」までは保証しかねるが、強い個人、強い組織を生むきっかけになることは間違いない。

ちなみにアルコールの有無は任意だが、酔いが回るとふだん以上に「己れを知らず」になりかねない。単なる飲み会なら別だが、目的を念頭に置く必要があろう。

「彼《か》れを知り己《おの》れを知らば、
百戦して殆《あや》うからず」

（第三章　謀攻篇）

（相手を知り自らを知れば、何度戦っても危機に陥らない）

現代人のための『孫子』メソッド

部署内のプロジェクトについて、部下に「忌憚《きたん》のない意見を聞かせてくれ」と問いかける。

第二章　「勢」を味方につけよ

1　スピードが戦いを制す

◆「権」を決めて「勢」をつかめ

スポーツを見ていると、途中までいい勝負をしていたのに、一方が何かのはずみでガタガタと崩れていくことがよくある。そうなると、挽回《ばんかい》することはほぼ不可能だ。逆に相手側から見ると、その機に乗じて一気に攻めることができれば、勝利はもう間違いない。ポイントは、その〝勝負どころ〟をつかむことだ。

『孫子』はこれを「勢《せい》」と表現し、「**勢とは、利に因《よ》りて権を制するなり**」（第一章　計篇）と述べている。およそ勝負事にあたり、事前に周到なシミュレーションや準備を行うのは当たり前。これを「計」というが、それだけでは勝てない。いざ本番では、不測の事態が起こり得る。その際、いかに臨機応変に対応して核心部分（「権」）を手中に収めるかが重要、というわけだ。

例えばビジネスの交渉で、お互いの条件をすり合わせることは日常茶飯事《さはんじ》だろう。そのとき、自分の主張を全面的に押し出すだけでは、場そのものが壊れてしまう。かといって相手の言い分を聞いてばかりいては、自分の利益を確保できない。

重要なのは、事前に「これだけは譲れない」という一線なり一点なりを決めておくこと。そして、実際のやりとりの中で流れを読むことだ。

多くのコミュニケーションにおいて、周到に「これを言おう」と決めていたとしても、なかなか切り出せないことはよくある。まして、相手が戦略的に「言わせまい」としていたとしたら、ますます困難だ。

そこで、例えばまず相手に譲歩してみせ、「その代わり」と条件を持ち出す手がある。逆に、一つだけ大きく要求して機先を制し、譲歩するように見せかけて、当初の一線に近づけていくのも有効だ。

あるいは、相手の言葉尻からキーワードを抜き出して「そういえば」と話を引き寄せるという方法もある。

いずれにせよ、チャンスをいかに逃さないか、自分のペースをいかにつかむかが勝負の分かれ目だ。少なくとも、相手の話に相槌《あいづち》を打つだけになったとしたら、もはや勝ち目はない。「上司と相談する」などと理由をつけて早めに〝敗走〟し、態勢を立て直したほうがいいだろう。

◆「苦節○年」では勝ち抜けない

「勢」を得るために重要なのはスピードだ。例えば、「**兵は拙速《せっそく》を聞くも、未《いま》だ巧久《こうきゅう》を睹《み》ざるなり**」（第二章　作戦篇）という。

要するに「戦争はよかれ悪しかれさっさと切り上げるべきもので、完璧を期してズルズルと長引かせるのはよろしくない」と説いているのである。この文言から生まれたのが、「巧遅拙速」という四文字熟語だ。もちろん「巧速」がベストだが、そううまくいくものは少ない。どちらかを選ぶなら「巧遅」より「拙速」にせよ、というわけだ。さらに続けて、「**夫《そ》れ兵久しくして国の利なる者は、未だ有らざるなり**（戦争が長期化して国家の利益になったことはない）」と述べている。

日本では、「拙速」はあまりいい意味で使われない。平たくいえば「早いだけが取り柄」というイメージだ。むしろ「ウサギと亀」の話のように、時間がかかっても丁寧に仕上げることを美徳とする風潮がある。「苦節〇年」という言い方が賞賛の対象になるのも、その一例だろう。

だが『孫子』の価値観はまったく違う。そこにあるのは、実に合理的な発想だ。持久戦になると、まず兵士が疲弊する。それに兵糧その他の調達で莫大なコストがかかる。これは国の防衛と経済を揺るがし、他国につけ入る隙を与えてしまう。だから形勢がどうであれ、短期決戦が絶対条件というわけだ。「計」を入念に行い、「勢」や「詭道」を重視するのも、そのためである。

まして劣勢に立たされているとすれば、この教えの重みは増す。概して「なんとか挽回してやろう」とか「せめて一矢報いるまでがんばろう」などと依怙地《いこじ》になり、結果的に泥沼にはまり込んでしまうことが少なくないからだ。早々に見切りをつけて撤退すれば、浅い傷で済むのである。

これには共感する人も多いはずだ。ダラダラと続く会議は、モチベーションを下げるばかりではなく、出席者全員が他の仕事をできないという意味で、会社にとって大変な損失だ。しかも、「巧」な結論に達することすらほとんどない。**最初から議題を絞り、一分なり三分なり時間を限定して打ち合わせたほうが、よほ**

ど「拙」ならざる結果が期待できるだろう。

これは個人の作業についても当てはまる。いくら完璧なレポートを仕上げても、締め切りを過ぎてしまえばすべて水泡に帰す。逆に、粗削りでも早めに提出すれば、上司などからアドバイスをもらって修正する時間が残される。結果的に、よりクオリティの高いレポートに仕上がる可能性があるわけだ。

私も大学の授業中、学生に簡単なレポートのようなものを、よく書いてもらった。いくつか質問を記した紙を配り、「深く考えなくていいから、必ず最後まで埋めるように。制限時間は八分！」といった具合に作業を求めるのである。

ところが多くの場合、時間内に最後まで埋められる学生は一割ほどしかいない。その要因は、言うまでもなく「巧遅」だ。一つひとつの質問に丁寧に答えようとするあまり、どうしても途中で時間切れになってしまうのである。

そこで私が意地悪く、「点数配分は最後の問題が一〇〇点。それ以外の問題はどれだけ書いても〇点」と宣言すると、学生たちは落胆と抗議の入り交じった声を上げる。これは半ば冗談だが、ルールを守れなかったのは彼らのほうである。

学生ならまだいいが、社会人となるとこの手のミスは許されない。どんな仕事でも、「約束を守る」「納期どおりに納める」といったことが基本中の基本だからだ。私の学生への〝仕打ち〟は、そういうマインドを植えつけ、「拙速」の何たるかを教えるための〝愛のムチ〟にほかならない。

◆「拙速」の繰り返しが経験値を高める

さらに、「拙速」によって量をこなすことは、経験値の蓄積にもつながる。同じ時間しかかけていないのに、「拙」が「巧」になっていくのである。

その最たる例が、週刊誌に連載を持つ漫画家だろう。連載当初と最新号の絵を見比べると、明らかに上達しているものが少なくない。

例えば、今や日本を代表する池上遼一さんの作品にしても、初期の絵はあまりうまいとはいえない。あるいは井上雄彦《たけひこ》さんの大ヒット作『SLAM DUNK』(集英社)も、第一巻の絵はスピード感がいま一つだ。最終巻と比べると、その迫力がまるで違う。もともとの才能に加え、とにかく締め切りに間に合わせるために必死で描き続けた結果だろう。

あるいは手塚治虫にしても、超人的なスケジュールに追われながら、なお『ブラック・ジャック』(秋田書店)のように一作単位で映画の原作になりそうな傑作を毎週描き続けた。素養はもちろんだが、過酷な環境が大天才を生んだともいえるだろう。

彼らのみならず、漫画家の世界は競争がきわめて厳しい。デビューに至るまでの地獄のような鍛練もさることながら、その先もさらなる地獄の日々が待っている。

例えば「週刊少年ジャンプ」の場合、ちょっと人気が落ちるとたちまち後ろのページに追いやられてしまうという。もちろん、「間に合いませんでした」では業界から抹殺される。質・量ともに常に高いレベルの結果を求められるわけだ。よく「スポーツ選手の世界は厳しい」といわれるが、漫画家の世界はそれ以上だろう。

おそらく多くのビジネスの世界は、これほど厳しくはない。しかし、学べる点は少なからずある。

まず、仕事の速い人には依頼が集中するということだ。あらゆる仕事には締め切りがある。頼む側にとってみれば、期限を守ってもらうことが絶対条件だ。たとえ丁寧な仕事ぶりでも、遅い人には頼みにくい。

その結果、頼まれた人は経験値が上がる。期待に応えようとがんばるから、数をこなすうちに質も上がってくる。つまり、**「拙速」は「巧速」になり得るのである。**特に若いうちは、仕事上の責任もさほど重くない上、体力もある。迷うことなく、おおいに「拙速」を積み重ねることをお勧めしたい。

「兵は拙速《せっそく》を聞くも、未《いま》だ巧久《こうきゅう》を睹《み》ざるなり」

（第二章　作戦篇）

（戦争には、多少まずい点があったが迅速に切り上げたという事例はあっても、完璧を期したので長びいてしまったという事例は存在しない）

現代人のための『孫子』メソッド

レポートは粗削りでも、早めに提出するほうが、完璧を期して遅くなるよりも望ましい。

2　「勝つ」よりも、「負けない」ための極意

◆防御こそ最大の攻撃になる

「兵法」というと、奇策を弄《ろう》して敵を欺《あざむ》くとか、劣勢を起死回生の一撃で逆転するというイメージがあるかもしれない。たしかに映画や劇画に登場する諸葛孔明なら、こういう〝神業〟は得意中の得意だろう。

だが『孫子』は違う。あくまでも「無理なく勝つ」ということを唯一最大の目的に据え、王道を行くような正攻法を説いているのである。

例えば、**「勝つ可《べ》からざるは己《おの》れに在るも、勝つ可きは敵に在り。故《ゆえ》に善なる者は、能《よ》く勝つ可からざるを為《な》すも、敵をして勝つ可から使《し》むること能《あた》わず」**（第四章　形篇）もその一つ。訳すと「敵軍が自軍に勝てないようにするのは自軍次第だが、自軍が敵軍に勝つかどうかは敵軍次第。だから巧みに戦う者でも、敵軍が決して自軍に勝てない態勢をつくることはできても、自軍が敵に勝てる態勢

を取らせることはできない」となる。

「勝つ」ことより前に「負けない」ことが大事であり、それなら敵の実力がどうであれ自力でなんとかできる、というわけだ。元・東北楽天ゴールデンイーグルス監督の野村克也氏がよく口にした「勝ちに不思議の勝ちあり、負けに不思議の負けなし」にも通じるものがある。

たしかに、ノーガードの打ち合いは、観客として見るぶんには面白いが、当事者にとってはリスクが大きい。相手が強そうなら徹底的にディフェンスをして引き分けに持ち込むとか、あるいは相手の〝攻撃疲れ〟を待ってカウンターを仕掛けるほうが、よほど〝試合巧者〟といえるだろう。

よく「攻撃は最大の防御」といわれるが、『孫子』は「防御こそ最大の攻撃」とし、その能力は自分次第だと説いているのである。

この観点で私の周囲にいるビジネスパーソンを見回してみると、「残念だな」と思うことが少なくない。戦場やスポーツとは環境が違うが、ひと言でいえば「脇が甘い」のである。

仕事の基本的な部分でも、人にはそれぞれ得意・不得意なものがある。例えば、英語は堪能なのに遅刻ばかりする人がいたとしよう。問題は、まさに「攻撃は最大の防御」とばかりに、得意分野を伸ばすことで不得意分野をカバーできると考える人が多いことだ。「英語で会社に貢献しているから、多少の遅刻は大目に見てもらえる」というわけである。この発想は正当化されるだろうか。

およそ社会人である以上、ルールやマナー、基礎知識など、体得すべき基本条件というものがある。いくら〝優秀〟とされる人でも、その部分を守れなければ信用を失う。それはほかならぬ本人にとって、もっとも損になる。**まずは欠点を補い、いわば守備の陣形を整えることが、会社内でいいポジションを得るコツなのである。**

◆九五点を一〇〇点にするより、三〇点を五〇点にするほうが簡単

特に若いうちは、こういう自覚が欠かせない。つい気負って得意分野をアピールしがちだが、かえって周囲の足を引っ張ることになりかねない。

例えば松下幸之助は、「新入社員が加わることにはマイナス面もある」とし

て、以下のように述べている。

〈いかに優秀な素質を持った人でも、学校を卒業して入ってきたばかりで、仕事については全く経験がないのだから、最初は先輩の人がいろいろと教え導かなくてはならない。いわば手とり、足とりといった姿で教えられることにより、だんだん仕事を覚えていくわけである。

ということは、その間、先輩の人はそれだけ手間をとられることになる。つまり自分の仕事の能率がそれだけ落ちるようになる。そうしてみると、全く仕事の経験がない新入社員が加わる上に、これを教え導くために先輩の人の能率も落ちてくるのだから、職場なり会社全体というものをとってみると、一人あたりの力は低下するわけである。（以下略）〉（『経済談義』PHP研究所より）

逆にいえば、会社にとってありがたい新入社員とは、まず手間がかからない人だ。それは「守備の陣形を整えることができる人」にほかならない。最低限のマナー等はもちろん、周囲の動き方や会社のルールをいち早く吸収できる人を指す。

しかも、こういう基本条件を守ることはけっして難しくない。それはちょうど、試験で九〇点を取れる科目で一〇〇点を目指すより、三〇点しか取れない科目を五〇点に引き上げるほうがずっと楽なのと同じだ。

心情としては前者でがんばるほうが楽しいかもしれないが、コストパフォーマンスは後者のほうが圧倒的に高い。それに、弱点部分をある程度克服できれば、心の余裕にもつながるはずだ。

それによって平均点が上がれば、上司や周囲からも信頼され、仕事を任されやすくなる。ビジネスパーソンにとって、「防御を固める」とはこういうことである。

◆行きすぎたポジティブ・シンキング

ところが現実に、こういう冷静な自己分析をできる人は少ない。その要因の一つは、〝行きすぎたポジティブ・シンキング〟にある。何か失敗をしたとき、「嫌なことは忘れよう」「一生懸命やった結果だから仕方がない」とさっさと切り替えてしまってはいないだろうか。

たしかに前向きな姿勢は大事だが、これは能天気と紙一重だ。まして「○○のせいで負けた」とか「たまたまタイミングが悪かっただけ」など、自らを棚に上げて責任を転嫁するような姿勢は、ますますタチが悪い。周囲の人も応援しようとかアドバイスしようという気になれず、離れていくだけだろう。そして結局、学習も成長もせず、また同じ失敗を繰り返すだけである。

『孫子』流にいえば、失敗した（＝負けた）ということは、自分に問題があったからにほかならない。もう少し反省・検証する時間があってもいいはずであり、むしろそのチャンスでもある。

さらに『孫子』は、「**勝兵は先ず《ま》勝ちて而る《しか》後に戦い、敗兵は先ず戦いて而る後に勝を求む**」とも述べている（第四章　形篇）。徹底的に準備を整え、検証を重ね、絶対的な勝利を確信してから戦え、と説いているのである。戦闘が始まる前に、すでに勝負は決しているということだ。逆にいえば、勝利を確信できない戦いは全力で回避せよ、ということでもある。

実際、個人でも組織でも、たいていの失敗は、まず戦ってしまうところから始まる。「やってみなくちゃわからない」というノリが、慎重論を抑え込むのである。

しかも、撤退の決断もなかなかできない。一度でも実戦に臨んでみれば、「これは勝てない」「戦闘は失敗だった」という感触がわかるはずだ。ところが苦戦を強《し》いられても、「弱気になってはダメだ」と精神論で自らを鼓舞してがんばり続け、結局大きな損失を出してしまうのである。その最たる例が、太平洋戦争で勝算もなくアメリカに挑んだ日本だろう。

ここに足りないのは、マネジメントの感覚だ。「会社から予算が出るから」「上司がやれと言うから」という前提で動くから無責任になる。たとえ肩書はなくても、全体を俯瞰《ふかん》して状況を判断する能力が必要だ。組織間でも個人間でも競争が激しくなっている昨今、この役割はますます重要になっているのではないだろうか。

あるいは全責任を負うはずの経営者も、ちょっと業績が悪化し始めると、前後が見えなくなってしまうことがよくある。起死回生を期して安易に新規事業に手を出し、ますます傷口を広げたりしてしまうのである。こうなると、もはや坂を転げ落ちるように悪化していくのみ。〝負けっぷり〟が悪いために、もしかすると存在したかもしれない再生の道が閉ざされてしまうわけだ。

◆「正比例思考」から脱却せよ

そしてもう一つ、『孫子』は「**善なる者は、道を脩《おさ》めて法《ほう》を保つ**」（第四章　形篇）とも述べている。状況判断を求められたら、ノリやイメージに惑わされることのないよう、あらゆる計測・計算をせよということだ。

具体的には、まず戦場までの距離を測り、輸送できる物資量を割り出し、送り込める兵数を試算し、敵軍と自軍の兵力差を比較し、そして勝利を確定させてから動けと説く（「**法は、一に曰《いわ》く度《たく》、二に曰く量《りょう》、三に曰く数《すう》、四に曰く称《しょう》、五に曰く勝《しょう》**」）。まさに石橋を叩くような〝勝利の方程式〟だ。

これは、きわめて今日的な教えでもある。例えばだいぶ前になるが、『マネー・ボール』（マイケル・ルイス著・中山宥訳／ランダムハウス講談社）という本が話題になったことがある。ブラッド・ピット主演で映画化されたことを記憶している方も多いだろう。

メジャーリーグの球団であるオークランド・アスレチックスの年俸総額は、随一の富裕球団として知られるヤンキースの約三分の一。全三〇球団の中でも、かなりの貧乏球団だ。それでも一時期、プレーオフ進出の常連となるほど大躍進したのである。

その要因は、選手の評価制度を根底から改め、低い年俸でも試合での貢献度の高い選手を揃えたことにある。独自に合理的な計算方式を編み出し、投資の効率を高めたわけだ。その後は、各球団ともこぞって同様の計算方式を導入したため、優位性が失われてしまったらしい。

私たちの日常にも、この発想は取り入れるべきだろう。ポイントは「正比例思考からの脱却」だ。**特にホワイトカラーの仕事の場合、かけたコストや時間に比例して成果が出るとはかぎらないのである。**

今まで右肩上がりだったグラフが寝始めたら、方法論を変えるなり撤退を考えるなりすべきだろう。逆に当面は横ばいでも、何かのきっかけで上昇カーブを描き始めることもある。それならもっとコストも時間もかけたほうがいいかもしれない。いずれにせよ、見きわめが肝心だ。

あるいは、一日の生活の中でパソコンやスマートフォンから得た知識・情報量とそれに費やした時間、同じく読書から得た知識・情報量とそれに費やした時間を比較してみていただきたい。どちらが時間の有効活用になっているか、自分の成長に役立っているか。多くの人にとって、驚愕《きょうがく》の事実が明らかになるのではないだろうか。

ちなみに読書の場合、一〇〇冊を読破するまでには時間がかかったとしても、五〇〇冊を読み終えるころにはかなり読むのが速くなる。それ以上になれば、ほとんど苦痛なく何冊でも読めるようになる。量をこなすことで、読むスピードは加速度的に上昇していくのである。パソコンや携帯電話をずっと同じ速度で眺めているとすれば、いつか時間あたりの情報吸収力は逆転するわけだ。

◆「総合的学習」で鍛えるべき能力が求められている

そこで重要なのが、「目のつけどころ」だ。「スマホvs読書」ならわかりやすいが、多くの仕事はそう簡単に比較検討できるものではない。

大事にされているものの中にも、無用の長物と化しているものがあるかもしれない。逆に一見不必要でも、今後の成長の糧になるものが含まれているかもしれない。イメージに惑わされず、それらをどう見きわめ、数値化して計算式を確立させるか。「閉塞感《へいそくかん》が強い」といわれる昨今、その打開に向けて、どんな仕事でもその能力が問われているのではないだろうか。

実は、そういう問題意識から出発したのが、学校教育における「総合的学習」だ。「読み書き算盤《そろばん》」が重要なのはもちろんだが、それに加え、マネジメント的に全体を俯瞰し、状況判断できる能力も学ばせようとしたのである。たしかに従来の学校では、こういう観点はほとんど教えてこなかった。

例えば、キャンプを子どもたち自身に計画させたとしよう。参加者は何人で、そのためにどれだけの食料が必要で、いつ、誰が調達するのか。あるいは夜間にどんなイベントを企画するか、雨天に備えて何を持っていくか等々、いざ行くとなれば考えるべきことは山ほどある。そこには計算力も必要だが、その前にどういう計算をすればいいのか、その式の組み立てから始めなければならない。さまざまな事態を想定する過程で、まさにマネジメント的な感覚が鍛えられるわけだ。これが、「総合的学習」で本当に実践したかったことである。

あるいは、実際に長野県伊那市のある小学校ではかつて、子どもたちが牛の飼育にチャレンジした。ウサギや鳥ならともかく、牛ともなると世話は大変である。身体は大きいし、エサの量も並大抵ではない。子どもたちにとっては、文字どおり悪戦苦闘の日々だった。今まで使ったことのなかった脳の部分が、強く刺激されたことは間違いない。そんな教育がどれほど有意義か、容易に想像がつくだろう。

ところが、「総合的学習」はいわゆる「ゆとり教育」の一環として導入された。そのために現場で真意が理解されず、安易な〝ゆとり〟の時間に成り代わってしまった感がある。残念でならない。

時代はますます「総合的学習」が鍛えるべき能力を求めている。学校のみならず職場においても、そんな教育が行われる機会が増えることを期待したい。

「勝つ可《べ》からざるは己《おの》れに在るも、
勝つ可きは敵に在り」

（第四章　形篇）

（「敵軍が自軍に勝てないようにするのは自軍次第だが、自軍が敵軍に勝つかどうかは敵軍次第」）

現代人のための『孫子』メソッド

長所を伸ばすのではなく、欠点を補って平均点を上げる。

3 「勢」をマネジメントせよ

◆士気が上がらないのは他人の責任ではない

組織に沈滞ムードが漂うことはよくある。仕事がマンネリ化し、成績も伸びず、士気も上がらない、といった具合だ。そういうときは、天気のように「自分の力ではどうしようもない」と考えてしまいがちだろう。手をこまぬいたまま、いつか何らかの事情で好転することを願うのが一般的かもしれない。

だが、『孫子』はそういう考え方を真っ向から否定する。「**善《よ》く戦う者は、之《こ》れを勢《せい》に求め、人に責《もと》めずして、之れが用を為《な》す**」（第五章　勢篇）として、自ら「勢」を得ることが重要だと説くのである。

しかも、その例え話が秀逸だ。「平地に木や石を置いても動かないが、斜面に置けば勢いよく転がっていく。方形であれば止《とど》まっているが、円形であれば動く」（「**木石の性は、安ければ則《すなわ》ち静まり、危《あやう》ければ則ち動き、方《ほう》なれば則ち止《とど》ま**

り、円なれば則ち行く」〔第五章　勢篇〕）。つまり、「勢」は合理的にマネジメントできると述べているのである。

『孫子』がこう考えたのには、理由がある。当時の軍隊には農民兵が多かった。当然ながら、彼らは士気も戦闘能力も高くない。それでも強い集団に仕立て上げるには、「勢」に乗せるしかなかったのである。

これは、現代の会社組織にもピタリと当てはまる。仕事では、やはりチームプレーがものをいう。少数のスーパー社員が活躍しても、孤軍奮闘では強いチームにはなれないはずだ。だが残念ながら、メンバー全員が仕事への意欲をたぎらせているとはかぎらない。あるいは農民兵ほどではないにせよ、〝戦闘能力〟の高くないメンバーもいる。それを束ねて勢いをつけるには、平面を斜面に、個々人を四角から丸に変えることが必要だ。

では、その役割を誰が担うべきか。ふつうに考えれば、上司やリーダーということになる。しかし、それだけでは不十分だ。上司やリーダーも千里眼ではないから、若手や中堅が下の意思を上に伝える必要がある。そうすることで、強いチームづくりができるのである。少なくとも、組織に属する者なら、自らが組織の士気を下げないよう気をつけなければならない。

ところが、「自分は組織の士気を下げている」と自覚している人はあまりいない。**多くは「上げてもいないが、下げてもいない。自分は中間層」と思っている。だがそういう人ほど、実は周囲の温度を下げているのである。**

もし、所属する組織の士気が自分のテンションより高いなら、周囲の誰かに牽《けん》引《いん》してもらっていると感謝したほうがいいだろう。逆に組織のテンションが低いとすれば、まず自らの責任を問うてみていただきたい。

これは『孫子』の教えというより、多くの学生たちと接している私の実感だ。

◆「ワーキング・グループ」のすすめ

『孫子』は、チームを勢いに乗せるための具体的な方策も語っている。その一つが、**「衆を治むること寡《か》を治むるが如《ごと》くするは、分数《ぶんすう》是《こ》れなり」**（第五章　勢篇）だ。つまり、全体を小さく分け、それぞれの役割を明確にすることで、大軍を小部隊のように統率すればよい、というわけだ。

実は現代のサッカーに、この教えの見事な実践例がある。一九八〇年代、イタリアの名門チーム、ACミランのアリゴ・サッキ監督は、ライバルチームのナポリに所属するスーパースター、ディエゴ・マラドーナの動きを封じるため、有名な「ゾーン・プレス」という戦術を編み出した。マラドーナを囲むのではなく、その手前にプレッシャーをかけてボールを奪おうというシステムだ。この登場を境に、世界のサッカーのスタイルは大きく変わったといわれている。

注目すべきは、その練習方法だ。サッキ監督は選手たちを小さな檻《おり》のような場所に閉じ込め、休む暇も与えずに鍛えたという。その中には、マルコ・ファン・バステンのような世界レベルの一流選手もいたが、一切例外扱いしなかった。彼は、「あの監督はとうとう頭がおかしくなった」とかなり当惑したらしい。

サッキ監督がここまで徹底したのは、身体が無意識のうちに動くようにするためだ。狭い場所で繰り返してマスターさせることで、広いフィールドでの実戦でも乱れずにプレーできるようにしたのである。

檻に入るかどうかは別として、これは日常の仕事にも応用可能だ。例えば、総勢一〇人の部署で一つのことを決めるとき、全員の意思統一を図るには時間も労力もかかる。作業を分担するにしても、温度差があるようではかえって非効率だ。

それなら、まず有志二〜三人で集まって大筋をがっちり固めてしまったほうが早いし、テンションも上がる。いわば少数精鋭による「ワーキング・グループ」を立ち上げるわけだ。

その有効性は、一般に「働きアリの法則」と呼ばれるものでも証明されよう。一〇〇匹のアリを観察すると、実際に働くのは八〇匹で、残りの二〇匹はサボるという。ではその二〇匹を取り除けば全員が働くかといえば、そうではない。やはり二割（一六匹）はサボるのである。

人間の組織も同様だ。**少しでもラクをしたいという意識がある以上、二割程度が休んでしまうことは避けられない。しかし二〜三人のチームとなれば、さすがにそうはいかなくなる。**「二割」は数字的にあり得ないから、休む余裕も生まれない。つまり、能力をフル活用できるわけだ。

しかも、こうして少人数で議論したり作業を進めたりすることは、その後の〝勢力拡大〟にも役に立つ。議論そのものが予行演習となるからだ。自分で考え、自分の言葉でさんざん語り合ってきたことを、第三者の前で披露すればよいのである。

いささか事情は違うが、例えば私の場合、しばしば一〇〇〇～二〇〇〇人も入る会場で講演を行ってきた。大学の入学式で話すとなると、聞き手はざっと二万人だ。だが、いずれにしてもあまり緊張したり気圧《けお》されたりすることはない。むしろ、その場で全員に軽い体操を指導させていただいたりすると、風になびく稲穂を見ているような感動すら覚える。

私の心臓に毛が生えているわけではない。ふだん数十人のゼミや数百人の大教室で学生と当たり前のように対峙しているため、すっかり人前で話す感覚に慣れてしまったのである。

ビジネスパーソンが一〇〇人の前で話す機会など、ほとんどないかもしれない。しかし、初対面の相手と交渉したり、説明したりすることは、日常茶飯事だろう。その際にも、少人数での議論の経験はきっと役に立つはずだ。

◆〝ポリバレント〟でなければ生き残れない

ただし、こういう「ワーキング・グループ」をうまく機能させるためには、一つだけ大きな条件がある。メンバーが〝ポリバレント（多機能的）〟な能力を持たなければならないということだ。

少人数で編成する以上、個々人の責任は重くなる。しかし、「個人としても優秀であれ」ということとは少し違う。重要なのは、チームとして有機的に動けること。それには、ある程度の認識や知識を共有している必要がある。

まったく方向性の違う専門家ばかりが集まると、たとえその部門では優秀であっても、議論が平行線を辿るおそれがある。そうならないためには、すでに複数の部署を経験したメンバーが望ましい。

例えば営業部門と製造部門といえば、だいたい意見が合わずに反目するケースが多い。そこで何らかのテーマについて両部門からメンバーを選び、ワーキング・グループをつくって調整を図ったとしよう。

このとき、お互いに自分の部門の主張を押し通そうとするだけでは、結局、収

拾がつかないだろう。ぶつかり合いながら結論を得るのも一つの方法だが、最終的には社内における両部門の〝力関係〟で決まりがちになる。

だがもし、お互いにかつて双方の部門で働いた経験があれば、雰囲気はずっと変わってくるに違いない。相手の立場を理解できるし、「ここは譲れない」というポイントもだいたいわかる。結果的に、お互いに納得できる妥協点を見つけやすくなるだろう。

だから個人としては、なるべく若いうちに多くの部署なり仕事なりを経験したほうがいいということになる。会社の人事方針による面もあるが、いまや「これしかできない」というスペシャリストより、「あれもこれもある程度わかる」というゼネラリストのほうが、人材として有用ではないだろうか。

例えば、キャリア官僚の異動はきわめて頻繁だ。それによって、短時間で大量の仕事を覚えられるらしい。そのペースで十年も過ごせば、部署全体が見えるようになる。それが、高級官僚を養成するルートになっているのだろう。

あるいは私の知っているある出版社は、異動が非常に激しいことで有名だ。つい先日まで編集部にいたと思ったら、いつの間にか営業部に行き、しばらく経つと総務部に席を置いていたりする。やはりさまざまな仕事を経験させることで、ゼネラリストを育てようとしているらしい。

つい先日も、知り合いの編集者が営業部へ異動することになった。「いろいろヒット作を出してきたのに……」と残念がる本人に、私は**「社長への道が開けたんじゃないか」**と言葉をかけた。

「出版業界でキャリアを積むには、本の編集ができるだけではダメ。資材の調達や流通や営業のことなど、トータルで理解することが欠かせない。その意味で、異動は次のステージへのステップになるはずだよ」と。これは慰めや気休めではなく、私の本心からのエールである。

◆「時間の使い方」も一日単位に分けて把握する

小さなグループから出発して大きなステージを動かしていくプロセスは、対人以外でも活用できる。例えば予算にしても、最初に小さな組織で割り振り方や使い方をマスターすれば、それを大きな組織でも応用できる。

農村や藩の財政を次々と立て直した二宮尊徳も、生家の再興で身につけたノウハウを、スケールを変えつつ応用したという。

あるいは、時間の使い方にも当てはめられよう。誰でも忙しくなると、ついオーバーワークになりがちだ。それは本人のみならず、周囲の人の時間まで奪うことにもなりかねない。どんな作業にどの程度の時間をかけるのか、一日の仕事は何時までに終了するのか、ふだんから自分なりのペースを確立しておくことをお勧めしたい。

そこで役に立つのが手帳だ。ふつうは先々の予定を書き込むだけかもしれないが、**ついでに過去の出来事も記録しておくのである。**

そうすると、自分がどんな仕事にどれだけの時間を費やしたか、プライベートの時間をどれくらい確保できたか、などが一日単位で一目瞭然《いちもくりょうぜん》となる。あるいは、当初の予定からどれだけズレたかもわかる。

一日単位となった記録を日々眺めていると、自分のペースをつかみやすくなるし、工夫・改善すべき点もわかってくる。それを毎日積み重ねることで、結果的に大きな時間の確保につながったり、ムダを排除できたりするのではないだろうか。いわば、ただ体重と食べたものを記録すれば痩《や》せられるという「レコーディング・ダイエット」の時間版である。

◆チーム単位の評価を

「どうも職場の雰囲気が暗い。なんとかなりませんか」——企業の方からこういう相談を受けることがよくある。

原因ははっきりしている。業績や個人のキャラクターの問題ではなく、いわゆる成果主義による個人評価が定着したからだ。

個人の成績を上げることに邁進《まいしん》するなら、もっとも短絡的な方法は、周囲の人の仕事を手伝わないことだ。そんな時間があれば、自分の勉強をするなり、明日に備えて英気を養うなりしたほうがよい。それに将来のことを考えるなら、部下や後輩にもなるべく仕事を教えないほうが合理的だ。

こんな意識が蔓延《まんえん》したせいで、個々人がバラバラに動くようになり、職場からは雑談が消え、常に殺伐とした空気が漂うようになったという。それに加えてリモートワークが浸透するなかで、個人の行動が見えなくなり、人事評価が難しくなったことが挙げられる。

たしかに、評価に差をつけるのは時代の趨勢《すうせい》かもしれない。「横並び」では納得しない人もいるだろう。だが一方で、そもそも個人の評価は難しい。能力以前の問題として、力を発揮しやすいポジションとしにくいポジションがあるからだ。どれだけ会社に貢献しても、数字として表に出ない裏方的なポジションもあるだろう。目立つ人だけが得をする制度では、社内の雰囲気を高めようとしても無理がある。

ならば、同じく評価をするにせよ、個人単位ではなくチーム単位にしてはいかがだろう。

これも人事に関わることなので簡単ではないが、例えば前述の「ワーキング・グループ」自体を評価の対象にするとか、一つの部署をさらに小さなグループに分けて競争させてみるとか、方法はいくつか考えられよう。

私は大学の授業で、学生たちを四人程度のグループに分け、共同で研究・発表してもらったことがある。当然、出来のよかったグループはメンバー全員を同一に高く評価するし、悪かったグループは全員一律にそれなりの評価を下すことにしている。

あらかじめそう宣言しておくと、彼らはがぜん燃える。お互いに高め合おうと必死に議論するし、誰かが困っていたら助け合う。教室全体が熱狂的に盛り上がることはいうまでもない。

しかも、結果的にどういう評価が下されようと、彼らは〝戦友〟という貴重な財産を手に入れる。学生にとって、これこそ最高の〝成果〟だろう。

もちろん、職場は大学の教室ほど甘くはないはずだ。利害関係や上下関係もあって、チームがうまく機能する保証はない。しかし、目標や条件を明確に設定すれば、むしろプロとしてお互いに結束するよう努力するのではないだろうか。このあたりは、リーダー的な立場にある人のアイデアしだいだ。

「衆を治むること寡《か》を治むるが如《ごと》くするは、分数是《ぶんすうこ》れなり」

（第五章　勢篇）

（大きな兵力を治めていても、あたかも小さな兵力を統率しているかのように整然とさせることができるのは、兵を部隊に分けて編成する技術のためである）

現代人のための『孫子』メソッド

組織や時間を小さな単位に分けて管理する。

4　逆風をエンジンに変えよう

◆不遇の日々では「くすぶり力」を蓄えよ

「逆境こそチャンス」という言葉をよく聞く。苦しいときを乗り越えれば強くなるとか、気の持ちようで逆転できる等々、精神を鼓舞するために使われることが多いが、それだけではない。もっと合理的な観点からも、逆境はチャンスの芽になり得るといえるのである。

例えば私の場合、三十歳を過ぎるまで定職に就いていなかった。大学時代の同級生から、「お前ほど働かないヤツは見たことがない」と冷やかされたほどだ。では、その間、何をしていたのかといえば、ひたすら私の専門分野の研究と読書である。自分の意思で選択した道とはいえ、先行きも見えず、精神的にも経済的にも苦しい時期だった。

しかし、この時期に膨大な時間を費やして研究に没頭したおかげで、本を出す機会に恵まれた。最初の本はほとんど収入にならなかったが、ここにこそ乾坤一擲《けんこんいってき》の突破口があると決め込み、藁《わら》にもすがる思いで必死に書いた覚えがある。その後、多くの本を著せるようになったのも、このチャンスに飛びついたからだ。

私はこのエネルギーを、「くすぶり力」と呼んでいる。どんなビジネスパーソンでも、常に順風満帆というわけにはいかないだろう。思わぬ部署に配属させられたり、上司とのソリが合わなかったり、同僚や後輩に先を越されたりと、ままならぬ日々を過ごす可能性は誰にでもある。

そんなとき、ただ落ち込んだり、グチを言ったりしているだけではもったいない。仕事に身が入らないのなら、余った時間と労力を自分のために使えばよいのである。

特にお勧めなのが、勉強だ。語学でも資格でも、ここぞとばかりに没頭してみるのである。実生活が不遇なほどエネルギーの〝捌《は》け口〟になるし、気分も紛《まぎ》れやすい。まさに「くすぶり力」が発揮されるわけだ。

しかも、一度勉強したことは血となり肉となって蓄積され、簡単に落ちることはない。逆境にあるとすれば、それを撥《は》ね返す原動力になるはずだ。むしろ、逆境の時期があるからこそ、その間にエネルギーを溜めて一気に爆発させることができるのである。

これは、戦場での必勝法でもあったらしい。『孫子』は勢いの大切さを説き、**「善《よ》く戦う者は、其《そ》の勢《せい》は険《けん》にして、其の節は短《たん》なり。勢は弩《ど》を擴《ひ》くが如《ごと》く、節は機《き》を発するが如し」**（第五章　勢篇）と述べている。訳すと、「巧みに戦う者の戦闘時の勢いは険しく、蓄積された力を発揮するのは一瞬である。勢いを得るには、弓を目いっぱい引き絞るように力を溜め、矢を放つように一気に放出せよ」。たしかに、**小競り合いを何度も繰り返すより、勢いをつけて突進したほうが、破壊力ははるかに強大だろう。**

◆ディープな勉強が思考を前向きにする

勉強する際、重要なのは「ディープさ」だ。テキストを買って毎日二〜三時間ほど机に向かう程度では、勉強とは呼べないのである。

英語のリスニングであれば、短期間に同じものを、数十回ではなく、数百回の

レベルで聞き込む。あるいは一定期間、英語しか見聞きしない手もある。今なら世界中の識者や専門家のプレゼンテーションを視聴できるTED（Technology Entertainment Design）がお勧めである。新聞・雑誌も英語版ばかりといった具合だ。これだけエネルギーを集中投下すれば、さすがにかなり習得できるはずである。

　読書であれば、やはり短期間に一人の著者の本を、二～三冊ではなく、一〇冊ほど続けて読み込む。P・F・ドラッカーでもいいし、定番中の定番である松下幸之助でもいい。昔の作家であれば全集単位で読み込んでもいい。身体にすり込むように〝○○漬け〟の日々を送るわけだ。

そこまで徹底すると、ある程度を超えたところで、まるでその人物が自分の中に棲み込んだような感覚を味わえるだろう。「身につける」とはこういうことであり、これほど心強いものはない。

むしろ逆風にならなければ、こんなチャンスはないはずだ。その期間に、どこに自分の〝兵力〟を集中させるかに、『孫子』的なセンスが問われることになる。

だから私は、しばしば学生たちに「特訓してこい」という指令を出すことがある。期間はだいたい二～三週間。費やす時間は最低でも一日十時間。テーマは語学でも資格でもダイエットでも自由。それを「ディープ○○」と名づけ、全員の前で宣言することからスタートするのである。

「だいたい君たちは、時間を散漫に使いすぎている。いわば〝兵力〟を分散させているようなもので、これでは何も身につかない。一流になる人というのは、ある一定期間、エネルギーを一点に集中させて実力を蓄えるものだ。修業のつもりで、短期集中的に何かに取り組んでみなさい。その量が脳に質的変化を起こして、やがてとんでもない力になるはずだから」

私は、彼らにこんな説明をしてその気にさせている。

社会人であっても同様。学生のように時間は割けないと思われがちだが、退社してから翌朝出社するまでなら自分でコントロールできるはずだ。スランプに陥ったプロ野球選手がミニキャンプを張るように、生活のセッティングを少しだけ変えてみてはいかがだろう。これも、〝弓を引き絞る〟ということだ。

◆暗くなったらジャンプせよ

前向きな心をつくるのは、勉強だけではない。身体から直接アプローチする手もある。ふと気分が暗くなったり、やる気を失ったりしたとき、その場で立ち上がって三十秒ほど軽くジャンプしてみていただきたい。

大きく跳び上がる必要はない。息をハッハッと吐きながら、せいぜい一〜二センチ、小刻みに跳ぶのである。ガイコツのオモチャになったようなイメージで、肩の力を抜き、肩甲骨と両腕を揺らしながらほぐすのがポイントだ。

これによって肩も身体も軽くなるから、暗い気分はかなり吹き飛ぶはずだ。それに横隔膜もほぐれるから、腹の底から笑いやすくなる。ちょっと試してみれば、心身の変化を実感できるだろう。

実際、ボクサーは、トレーニングに縄跳びを取り入れている。あれは単に足腰を鍛えたり、持久力をつけたりするためだけではなく、肩甲骨をほぐすためでもある。

あるいは小学生を見ても、その効果は実証できる。先にも述べたが、彼らはとにかく元気がいい。まったく意味もなく、ピョンピョン飛び跳ねている。その動きが心まで開かせ、明るくさせているのである。社会人もそれを見習い、小学生の身体を取り戻してみようというわけだ。

いっそ「**暗くなったらジャンプする**」と標語のように覚えておいてはいかがだろう。ついでにいえば、「雨降って地固まる」とか『やまない雨はない』（倉嶋厚さんのベストセラーのタイトル／文藝春秋）とか「日はまた昇る」とか、ポジティブな言葉を念仏のように唱えながら実践するとなおよい。

それによって、半ば強引に悪い気分を吹っ切れるようにする。これは単なる気分転換というより、ある種の〝ワザ〟である。

◆長嶋茂雄と三浦知良はなぜ人気者なのか

また、勢いがある人には、自然と人や仕事が集まってくるものだ。

いささか古い例ながら、現役時代の長嶋茂雄はその典型だろう。もっと成績のいい選手、技術の優れている選手は他にもいた。しかし、長嶋の持つ明るさ、ポジティブさ、野球に注ぐ天真爛漫《てんしんらんまん》な愛情は誰にも真似できなかった。その〝熱さ〟が後楽園球場（現在の東京ドーム）を満員にし、ナイター中継の視聴率を押し上げたのである。

あるいはサッカーでいえば、キング・カズこと三浦知良《かずよし》も同じエネルギーを発している。五十五歳を迎えた今でも現役にこだわり、試合に出場するだけでスタジアムはおおいに盛り上がる。以前ほどは華麗なプレーを期待できなくても、その情熱に接するだけで明るい気分になれるのである。

この両者に共通するのは、自ら〝流れ〟をつくってきたということだ。良好な環境に乗って上機嫌になることなら、誰にでもできる。しかし両者は、たとえ状況が悪くてもエネルギーを失わず、それを撥ね返してきた。「まだまだ行ける」

と言い続けて周囲を巻き込み、勢いづけてきた。誰もがそのパワーにあやかりたいと思うのは当然だろう。だから、いまだに人気が衰えないのである。

こういう人が発するエネルギーに特に敏感なのが、子どもたちだ。私はコロナ禍になる前、小学生を集めて指導してきたが、概して彼らは、私のスタッフとして同行している大学生のうち、元気のいい者にばかり近づきたがる。もともと小学生も元気だから、何か共鳴する部分があるのかもしれない。元気がなかったり、表情が暗かったりする大学生には、けっして近づかない。動物的な直感で避けているのだろう。

大人の社会も同様なことは、私たちの日常を振り返ってみればわかる。一緒に仕事をするのなら、できるだけ勢いのある人のほうがいい。後ろ向きな人、事務的にしか動かない人と仕事をすると、精気を吸い取られる気がする。

では、どうすれば前者と巡り会えるか。**身もフタもない話だが、そのもっとも手っとり早い方法は、まず自分が勢いのある人になることである。**

◆〝敵〟は引きつけて撃て

自分の志や希望を「必ず実現させるのだ」という気持ちに溢《あふ》れている人からは、そのようなエネルギーを感じるものである。こういう言い方をすると、しばしば「自分もそれなりにがんばっているんですけど……」という答えが返ってくる。**だが私にいわせれば、まだまだ〝弓の引き方〟が足りないし、工夫も足りない。**

『孫子』は敵の攻め方について、正面から突撃するような正攻法を是としない。「**善《よ》く敵を動かす者は、之《こ》れに形《かたち》すれば、敵必ず之れに従い、之れに予《あた》うれば、敵必ず之れを取る。此《ここ》を以《もっ》て之れを動かし、卒《そつ》を以て之れを待つ**」（第五章　勢篇）と戦略を説いている。つまり、敵を何らかの形で挑発したり、〝エサ〟をちらつかせたりしておびき寄せ、待ち構えて一気に叩けというわけだ。

私の教え子の中に、まさにこういう戦略を駆使して内定を勝ち取った者がいる。彼は出版社への就職を希望していたが、採用枠が少ないため、正面突破作戦では望み薄だった。そこで自ら出版社へ赴き、「タダでいいから働かせてくれ。雑用でも何でもやる」と頼み込んだのである。いわば〝エサ〟を振りまいたわけだ。

実際のところ、概して出版社は忙しい。猫の手も借りたいほどの雑用は山ほどある。そこに「タダでいいから」とオファーがあれば、断る理由はあまりない。結局、彼はそこで仕事を得ることに成功した。最初は本当にタダ同然の雑用係だったが、その働きぶりが認められてアルバイトに〝昇格〟し、ついには正規の社員としての採用が決まったのである。今もマスコミ志望の学生は多いが、ここまで行動できる者は滅多にいないのではないだろうか。

彼が得たのは、正社員の地位だけではない。まずアルバイト以下の気楽な立場で、憧れの出版業界を肌で感じることができた。結果的には続けたが、もしこの時点で自分に合わないと気づけば、早々に方向転換することも可能だったわけだ。「敵を知る」上で、これほど確実な方法はないだろう。

それに、まじめに働いたことで、会社からの信頼も得た。社員のみならず社外のスタッフと知り合うことで人脈も得た。社会人にとってこの二つが何よりも重要な財産であることは、誰もが認識しているだろう。

学生でさえ、やろうと思えばここまでできるのである。もとより信頼も人脈もある程度は持っているであろう社会人なら、状況打開に向けて、もっとあの手この手を駆使できるのではないだろうか。

「勢《せい》は弩《ど》を彍《ひ》くが如《ごと》く、
節は機《き》を発するが如し」
（第五章　勢篇）

（勢いを得るには、弓を目いっぱい引き絞るように力を溜め、矢を放つように一気に放出せよ）

現代人のための『孫子』メソッド

短期間に一人の著者の本を立て続けに一〇冊以上読むような、ディープな勉強をする。

第二章　ビジネスパーソンが考えるべき「策」とは

1　敵の〝実〟を避けて〝虚〟を撃て

◆杓子定規では社会で通用しない

ある日の昼下がり、地方都市のとあるラーメン店にいたときのこと。午後二時をほんの二～三分過ぎたところで一人の客が来店し、ランチセットを注文した。ところが、店員さんは、「セットは二時で終わりです」とつれない。

「えっ、ダメなの？」と客、「それぞれ単品での注文ならできますよ」と店員さん。つまり売り切れてはいないということだ。「セットが食べたかったんだよなあ」と多少イライラ感を滲《にじ》ませつつ、客はそのまま店から出ていった。

店員さんの対応に間違いはない。店のルールを客に伝えただけだ。だが、多少なりともビジネス感覚のある人なら、「そりゃないだろう」と思うのではないだろうか。ほんの少しだけ融通をきかせれば、客も店も〝おいしい思い〟をできたはずだ。さらに、客がこれをきっかけにリピーターになってくれた可能性もある。店は、そのチャンスをみすみす逃したわけだ。

どんな仕事であれ、杓子定規の対応ではうまくいかない。もちろん限度はあるものの、顧客や取引先に合わせる柔軟さが求められる。これは常識だろう。ところが中には非常識な人がいて、しかも「自分はルールを守っているだけ」と〝非〟に気づいていなかったりする。仕事の相手として、こういう人はなかなかタチが悪い。

まして生死を賭ける戦場において、柔軟さはもっと必須らしい。『孫子』は「**兵を形《あらわ》すの極《きわ》みは、无形《むけい》に至る**」（第六章　虚実篇）と説く。「无形」とは、無形のこと。自軍を敵軍の陣形に応じて変幻自在に布陣し、しかもその陣形を敵軍に悟られないようにすれば、敵軍は攻め手を失う。したがって勝利は間違いないし、二度と同じ陣形になることもない、というわけだ。いかにも『孫子』らしい、合理的な発想である。

ビジネスにおいても、顧客や取引先に対して一枚上手の懐の深さを感じさせることは重要だ。よくいわれるとおり、相手のニーズを先回りして提供することができれば、相手の満足度は確実に上がるはずである。

２０１９年にメジャーリーグを引退したイチロー選手も、現役時代は投手が攻め方を変えてくることを想定し、また自身の年齢にも合わせ、打撃フォームを毎年少しずつ変えていたという。その時々で最適のスイングを編み出していたらしい。たしかに、日本で活躍していたころの振り子打法の面影はほとんどなくなっていた。だからこそ、毎年コンスタントにハイレベルな成績を残し続けることができたのだろう。

私たちの場合、難しいのは「成功体験」に依存してしまう場合だ。今まで成功してきた商品やサービスや、システムがあると、それを変えようという気にはなかなかならないだろう。ただ、その方法で今後も成功し続けるとはかぎらない。

特に「時代のスピードが速い」といわれる昨今、いつの間にか飽きられたり、時代遅れになったりすることはよくある。そのまま放置すれば、ますます傷口を広げかねない。

過去の成功体験に縛られることなく、いかにそれを見きわめて変化できるか。これは経営者のみならず、現場で少なからず責任を負っているすべてのビジネスパーソンにとって重要な至上命題といえるだろう。

ただし、闇雲に変えればいいというものでもない。仕事の経験をある程度積んでくると、「こうすればうまくいく」という自分なりのスタイルが確立されてくるはずだ。その部分まで疑い始めると、今度は自信喪失や大スランプにも陥りかねない。**私の感覚でいえば、成功体験をもとに八割方は現状を維持しつつ、残り二割をマイナーチェンジするくらいが妥当ではないだろうか。**

◆上司・同僚の〝虚〟を撃て

『孫子』はまた、具体的な攻め方についても言及している。**「兵の勝《かち》は実《じつ》を避けて虚《きょ》を撃つ」**（敵の兵力が優勢な地点を避け、手薄な地点を攻めよ）（第六章　虚実篇）もその一つ。

ビジネス感覚としても、これは常套《じょうとう》手段だろう。新商品を出すなら、競合ひしめく激戦区に参入するより、新たなマーケットのフロンティアになったほうが有利だ。もっとも、そう簡単に見つけられないから苦労しているのだ、との見方もあるだろうが……。

一方、この言葉は社会人の処世術としても読める。「敵」を競合他社ではなく、社内の上司・同僚などと読み替えるのである。

彼らをつぶさに観察してみると、たいてい〝虚〟の部分があるはずだ。個人としては優秀だが部下との折り合いが悪いとか、話すのは得意だが書くのは苦手、といった具合である。

その強みで張り合うのではなく、自分の能力と照らし合わせ、弱みをフォローするように努めれば、組織にとって欠かせない存在になるはずだ。いい換えるなら、こういう補完関係を生み出せることが、組織の強みなのである。

かくいう私の場合も、〝虚〟と〝実〟がきわめてはっきりしている。ライブとしての授業や講演なら得意中の得意だが、それをまとめて文書にしたり、印刷したりといった事務処理になると、とたんに生産性が下がるのである。

だからそういうときは、「手伝いましょうか」と言ってくれる学生にお願いしている。彼は私の〝虚〟を見事に埋めてくれるわけで、なくてはならない存在だ。もちろん、無条件に引き受けてもらっているわけではない。必然的に一緒に過ごす時間が増えるので、その間に卒業論文や進路について相談に乗ったりしている。その意味では、彼は私の〝虚〟を攻めつつ、実は自らの〝虚〟も埋めているといえるだろう。

それに、私は会議等でアイデアをまとめたり、今後の方向性を決めたりすることはよくあるが、いろいろ抱えすぎて自ら収拾がつかなくなることがある。細かくフォローしたり、実際に形にしたりするには、時間が足りないのである。

そういうとき、誰かが時間を使って作業してくれれば、アイデアはしだいに形になっていく。それは私にとってももちろん嬉しいが、もともとアイデアを必要としていた人（会議の主催者など）にとってもメリットは大きい。

あるいは大学の会議に出ると、議論の流れをリアルタイムでパソコンに打ち込んでくれる方がいる。会議が終わるころには、立派な議事録として仕上がっているのが常だ。おかげで、自分の備忘録としてはもちろん、次回の会議も全員がそれを見ながら始められるため、時間のロスがない。大変ありがたい能力を提供してくれているわけで、会議には欠かせないメンバーだ。

こういう作業は、若い人のほうが得意だろう。人の話を簡潔にまとめる能力と速くキーを打つ技術があれば、会議の出席者の〝虚〟を埋められることになる。

重要な会議等で呼ばれる可能性も高くなるかもしれない。若い人なら、それを突破口として自分をアピールし、〝実〟を取っていく手もあるだろう。

こういう動きは、組織全体として見ても大きなメリットがある。サッカーは、バックス、ミッドフィルダー、フォワードがそれぞれに有機的に機能して、初めて点を取れる。同様に、あらゆる仕事は役割分担の態勢を整え、お互いの〝虚〟をカバーし合うことで、大きな〝実〟を得ることができるのである。

◆劣勢を挽回する必殺技「十を以て壱を撃て」

そしてもう一つ、「**善**《よ》**く将たる者は、人を形**《あらわ》**して形すこと无**《な》**ければ、則**《すなわ》**ち我**《わ》**れは専**《あつ》**まるも敵は分かる。我れは専まりて壱**《いつ》**と為**《な》**り、敵は分かれて十と為らば、是**《こ》**れ十を以**《もっ》**て壱を撃つなり**」（第六章　虚実篇）という必殺技も説いている。これも、きわめて合理的な考え方だ。

双方がそれぞれ一〇の兵力を持っていたとする。敵軍が自軍の配置をわからないとすれば、兵力を一〇に分けて広く薄く防衛線を張る必要がある。一方、自軍が敵軍の配置を把握していれば、その中でも特に敵軍の防御が薄い地点に一〇の兵力を一点集中で配置できる。その結果、局地戦において一〇対一で自軍が圧勝し、敵軍の防衛線を突破できるというわけだ。

これは、単に有利に戦えるという話ではない。**もう一つの大きなポイントは、作戦を自分のペースで決められるということだ。**

例えば交渉において、あれもこれもと主張を通そうとするのは、得策とはいえない。むしろ、「他は捨ててもここだけは譲れない」という一点に絞ったほうが、突破できる可能性は高まるだろう。そのための準備に労力を集中投下できるし、どういう段取りやタイミングで交渉のテーブルに載せるかも計算しやすいからだ。つまり、交渉の場に欠かせない主導権を握りやすくなるのである。

あるいはアップルの戦略も、これに近いかもしれない。世界的な大企業でありながら、出している製品自体はきわめて少ない。その代わり、新製品を発売するたびに大々的に盛り上げてイベント化し、世界の注目をさらう。その一点突破のスタイルを定着させたところも、同社の強みだろう。

特に相手の立場が上だったり、自分の味方が少なかったりして、劣勢に立ったときこそ、この方法は役に立つ。「十を以て壱を撃つ」と肝に銘じ、周到に準備しつつ自らを鼓舞していただきたい。

◆自分のパターンを知るために「ミス・ノート」をつける

一方、自らの〝虚〟については、少ないに越したことはない。周囲にフォローしてもらっているうちはいいが、何度も同じミスを繰り返すようでは問題だ。そこで、まずは自分のミスを〝見える化〟することから始めてみてはいかがだろう。

私は中高生を指導する際、「模擬試験は、受けた後こそが重要だ」と教えている。点数だけを見て一喜一憂している人もいるが、それでは受けた意味がない。答え合わせをして、どの問題ができなかったのか、何を間違えたのかをチェックするのは当たり前。例えば数学で○点だった問題について、まるで手が出なかったのか、方向性は合っていたのに計算間違いをしたのかによって、対策はまったく違ってくる。それを浮き彫りにするのが、模擬試験を受ける意義である。

さらに、自分なりに解決策を考え、それ自体を一冊のノートに記すよう求めている。間違えた部分を矢印で示したりグルグルと囲ったりして目立たせたり、間違えないための方法に「！」をつけるといった工夫も欲しい。いわばオリジナルの「ミス・ノート」をつくるわけだ。

その記述がある程度溜まってくると、自分のミスのパターンが一目瞭然となる。「自分は頭が悪いのでは？」と漠然と悩むのではなく、「ここさえ間違えなければ大丈夫」ということがわかるので、必然的にミスも減るし気分的にポジティブにもなれる。それが、次の試験に活きるのである。

まして仕事上のミスは、周囲にも迷惑をかけるおそれがある。落ち込んだり、逆に「明日があるさ」と割り切ってしまう前に、やはり「ミス・ノート」をつくって再発防止に努めることをお勧めしたい。それも「徐々に改善すればいい」と考えるのではなく、必ず原因を究明して即座に手を打つという姿勢が重要だ。

その意味では、**ミスは自らの問題点を明らかにするチャンスになるともいえる**。企業でも、顧客からのクレームなどをきっかけにして「改善委員会」のようなものをつくり、徹底的に原因を究明する事例はよくある。その姿勢が顧客満足度を高め、結果的に企業イメージの向上につながることもある。このプロセスを、個人単位でも実践すべきだろう。

「兵の勝《かち》は実《じつ》を避けて
虚《きょ》を撃つ」

（敵の兵力が優勢な地点を避け、手薄な地点を攻めよ）

（第六章　虚実篇）

現代人のための『孫子』メソッド

自分の能力と照らし合わせ、上司や同僚の弱みをフォローするように努め、組織にとって欠かせない存在になる。

2 現代に活きる「風林火山」

◆人間関係を保つための「風林火山」

「**彼《か》れを知り己《おの》れを知らば……**」（第三章　謀攻篇）と並び、『孫子』の中でもっとも有名なフレーズが、「**其《そ》の疾《はや》きこと風の如《ごと》く、其の徐《しずか》なること林の如く、侵掠《しんりやく》すること火の如く、動かざること山の如く……**」（第七章　軍争篇）、いわゆる「風林火山」である。武田信玄の騎馬軍団の旗印に使われたことで有名である。

「山」の後も「**知り難きこと陰《かげ》の如く、動くこと雷《いかずち》の震《ふる》うが如くして……**」と続くが、要は「軍隊は機動力を駆使して臨機応変に動け」と説いているのである。

これは戦場のみならず、日常の仕事の「心得」としても使えよう。

例えば何かトラブルを起こしたとき、風のように素早く菓子折りを持って先方に謝りに行けば、心証はずっとよくなるだろう。社内で派閥争いが起こったとき

には、林のようにじっと静観していたほうが得策かもしれない。何か企画を通したいなら、小出しにするより、火のように一気呵成《いっきかせい》に上司を説得したほうがインパクトは大きい。交渉の場で先方から無理難題を要求されても、譲れない点は山のように動かずに死守する必要がある。いずれの場面でも重要なのは、素早く判断して行動に移すということだ。

　仕事のトラブルと人間関係の悪化はワンセットの場合が多い。ミスは仕方がないとしても、それをフォローしないために疎遠になってしまったり、もともと疎遠な関係だからトラブルが生まれやすくなったりする。

ならば人間関係の問題を適切に処置することで、仕事のトラブルも減るはずである。そこで問われるのが真摯《しんし》さや誠実さ、つまり人間力だ。「風林火山」のような柔軟でメリハリのきいた行動は、それを表す鑑《かがみ》になるだろう。

◆英語のウェブサイトで情報収集力を高めよう

行動を間違えないためには、有益な情報を迅速・正確に選択する必要がある。ところが、これだけ世の中に情報が溢れ返っているのに、意外と使える情報を集められない人が多いのではないだろうか。

とりあえずパソコンが手元にあれば、誰でもウィキペディアには辿り着ける。基礎的な情報の多くは、そこで手に入れることができるだろう。しかし、そこから先を探求しようという人が少ないのだ。

自分が簡単に手に入れた情報は、他の人もすでに知っている可能性が高い。そのような情報に価値があるとはいえない。初期情報はそこで得たとしても、それをもとにしてもっと掘り下げる姿勢が必要だ。関連する新聞・雑誌の記事を検索してみるとか、本で探してみるとか、より知っていそうな人に聞いて回るとか、方法はいくらでもある。これは技術や能力の問題というより、個々人の意欲の問題である。

それを象徴するのが、英語圏のホームページに対する姿勢だ。社会人でも学生でも、日本語のページしか見ない人が圧倒的に多いのではないだろうか。「英語は苦手」と敬遠しているのか、英語圏の情報は自分に関係ないと思っているのかは定かではないが、これはきわめてもったいない話である。

そもそも、ネット上には英語のページのほうが圧倒的に多い。たとえ国内の仕事が主であっても、海外に参考となる情報がないとはかぎらない。むしろこれだけ経済がグローバル化しているのだから、無縁の業界のほうが珍しいだろう。

しかも、そこで飛び交う実用英語はさほど難しくない。東京大学の入試問題のような、一文にカンマが三つも四つも出てくる意地悪な文章は滅多にないのである。受験英語程度の実力さえあれば、だいたいの内容は把握できるはずだ。あるいは最初は戸惑ったとしても、慣れてくればわかるようになる。

それをしないのは、自ら情報を制限していることに等しい。逆に、**周囲がやら**

ない中で自分だけ実践したとすれば、それだけ情報面でリードできることになる。少しだけ時間を割く度胸と、検索の範囲を広げる機動力しだいだ。何度かチャレンジしてみれば、勘どころもわかってくるだろう。

十年ほど前、ある会議に出席したとき、隣にいた方が開始早々にパソコンを立ち上げた。何を見ているのかと思ったら、議案に関連するページをそのつど検索して、「海外にはこんな事例がある」と幾度も有益な情報を提供してくださった。もちろん、すべて英語圏のページである。

いかにも〝できるビジネスパーソン〟風だが、通信環境がこれほど整っているのだから、やろうと思えば誰でもできるはずだ。これも機動力の一種といえるだろう。

◆「24 -TWENTY FOUR-」式スピーディな会議を心がける

以上は個人レベルの話だが、機動力は組織単位のほうが威力を発揮しやすい。周知のとおり、もともと「風林火山」は軍隊の動き方を形容したものだ。この

一文の前には、**「兵は詐《さ》を以《もっ》て立ち、利を以て動き、分合《ぶんごう》を以て変《へん》を為《な》す者なり」**（第七章　軍争篇）との言葉がある。敵を欺き、利益を得ることを目的とし、分散と集合を繰り返して変幻自在に動けというわけである。ビジネスに「詐」は禁物だが、「プロ集団として動け」と読み替えることができるだろう。

　ここから連想されるのが、だいぶ前にヒットしたアメリカのテレビドラマ「24 -TWENTY FOUR-」で見られる「会議」のシーンだ。

　必要に迫られたときにサッと数人で集まり、二言三言を交わしただけで決断を下し、またそれぞれの持ち場に散っていく。そのスピーディさには惚《ほ》れ惚《ぼ》れするばかりだ。事件が〝リアルタイム〟で進行する中、もし主要メンバーが延々と会議室に籠《こ》もったまま出てこないようでは、部下としても視聴者としても困る。ドラマ上の演出とはいえ、これも組織の機動力の一端といえるだろう。

　概して日本の会社は会議の時間が異様に長い。それも、白熱して止まらなくなるというより、沈滞ムードを漂わせたまま時間をやり過ごしている場合が多いように思う。貴重な労力を奪うという意味で、大変なムダだ。

　ではこれが日本のスタンダードかといえば、けっしてそうでもない。実際、情報業のリクルートには、「24」的なＤＮＡが根づいているらしい。**複数の出身者によれば、部署の垣根を越えて三〜四人がサッと集まり、立ち話をしてサッと解散するような〝会議〟が茶飯事だったという**。しかも、そこで決まったことをただちに形にする文化もある。その機動力・行動力が、リクルートの自由闊達なイメージと多様な情報サービスを生み出しているのだろう。

　彼らは転職または起業した後も、「元リクルート」として周囲から一目置かれることがあるそうだ。それだけ、社会は機動力の発達した人材を求めているということだ。

◆五分で士気を高めるブレーンストーミング

組織がこういう集団に生まれ変わることは、けっして難しくない。個々人をある状況に追い込むことで、結果的に組織も機動的になれるのである。その一つの方法として提案したいのが、ブレーンストーミングの習慣化である。

すでに行っている組織も少なくないだろうが、私の知るかぎり、そのメリットをあまり享受できていない気がする。いつもの会議と変わらなかったり、単なる雑談になってしまったりという具合だ。

私は大学では、主に教員を目指す学生を指導している。その一環として、彼らを三〜四人ずつのグループに分け、一定時間内に一つの「授業プラン」を共同でつくってもらうことがある。それをもとに、実際に教壇で模擬授業を行ってもらうのが常だ。

彼らはお互いにアイデアを持ち寄り、譲ったり主張したりといった〝交渉〟をしながら、さらに役割分担を決めて各自勉強したり、情報を集めたりする。まさに分散と集合を繰り返すわけだ。

学生たちは指示されたことはきちんとこなすが、指示されなければ何もしない傾向がある。だが、こういう共同作業となると、グループのために能動的にならざるを得ない。少人数で多くの作業をこなすから、誰かに頼ることもできない。しかも実践が待っているから、必然的に現実に則した結論を導こうとする。

その結果、しだいに話し合って結論をまとめる技術や作業の割り振り方に慣れてくる。性格や気分、人間関係とは別に、グループの一員として機動的になれるのである。

まして会社での仕事なら、こういうチームなりミッションなりを設定することは容易だろう。少人数のグループに分けてブレーンストーミングを実践すれば、今までにないアイデアが生まれる可能性がある。

ただし、ブレーンストーミングを成功させるには、いくつかの条件設定が必要だ。例えば時間を五分で区切ること、一人の発言は十五秒以内にすること、お互いを名前で呼び合うこと、お互いのアイデアを否定しないこと、いいアイデアが出たら拍手とともに褒めること、そこに自分のアイデアを積み上げていくこと、などだ。そして最終的に、必ずチームとして一つのアイデアをまとめ、皆の前で発表してもらうといったゴールを用意するのである。

そうすると、その場は異様なほどに盛り上がる。**とにかく短時間でアイデアをまとめるには、脳ミソをフル回転させつつ、誰かが出したアイデアに上乗せしていくのが手っとり早い。**そういうモードに入ると、まるでＦＣバルセロナのように、アイデアの素早い〝パス回し〟が可能になるのである。

それは当然ながら、チームの一体感も生む。文字どおり脳ミソが嵐に揉まれるようにかき混ぜられて、チーム全体として一つの〝仮想脳〟が形成されるからだ。

わずか五分の時間と、適切なテーマさえ提示できれば、どんな組織でも応用可能だ。また一度経験すると、「もっとやりたい」という声が上がるだろう。部下にハッパをかけたいリーダーには、ぜひお試しいただきたい。

◆社外人脈をうまく活用するための機動力

そしてもう一つ、ブレーンストーミングの大きなメリットは、容易に人脈を増やせるということだ。

例えば大所帯の部署の場合、同僚といっても顔と名前ぐらいしか知らないこともある。そこで、小さなチームに分けてメンバーを交代しながらブレーンストーミングを何回も行えば、短時間で多くの同僚たちの〝人となり〟がわかる。意気投合し、新たなプロジェクトを立ち上げるといった進展も考えられるだろう。言い換えるなら、わざわざ飲みに行ったり、何らかのイベントを企画したりしなくても、距離感を一気に縮めることはできるのである。

それによって横の連携が強くなれば、対外的にも印象がよくなる。私がしばしば経験することだが、例えばある会社のAさんと打ち合わせて決めたことが、同じ会社のBさんにまったく伝わっていないことがある。つまり、AさんとBさんの間で情報の共有がなされていないわけだ。

そうすると私は、Bさんと同じ話をもう一度しなければならなくなる。この虚しさ、面倒くささがおわかりいただけるだろうか。AさんとBさんが社内でフランクに話せる間柄になれば、こういうことも減るはずである。

おそらく今後は、ブレーンストーミングに外部の人材が加わるケースも増えるだろう。何かの目的でチームをつくるなら、そのメンバーを社内の人材で固める必要はない。むしろ最近の潮流としては、状況に応じて社外から能力の高い人を招くのが当たり前だ。映画製作の現場のように、役割ごとにその道のプロを集めて〝ドリームチーム〟をつくるわけだ。いわば「集合と分散」の拡大版である。

その能力を最大限に引き出すためにも、ブレーンストーミングは有効だ。

ただし、どんな世界でも、能力の高い人は忙しい。仕事の依頼が殺到するからだ。そういう人を自分のチームに招くには、大きく三つのコツがある。

第一に、そういう人物を知っていることはもちろん、相手からも信頼されなければならない。友人関係になる必要はないが、自分なり会社なりの仕事をきちんと説明できることが大前提だ。

第二に、オファーを出すなら、かなり早い段階でなければならない。直近は忙しくても、先々のスケジュールなら押さえられる可能性は高くなる。それには、仕事の段取りをできるだけ早く固める必要がある。

そして第三に、そういう有能な人の〝ストック〟をなるべく多く持つことだ。Aさんがダメなら Bさん、Bさんがダメなら Cさんといった具合に、次々と候補者を挙げることができれば、仕事に支障をきたすことはないだろう。

ここでも、重要なのは機動力だ。状況に応じて即座にチームを構想し、迅速・的確に必要な人材をかき集める。そして目的が終了したら、後くされなくサッと分散する。これができれば、騎馬軍団のごとく向かうところ敵なしである。

「其《そ》の疾《はや》きこと風の如《ごと》く、
其の徐《しず》かなること林の如く、
侵掠《しんりゃく》すること火の如く、
動かざること山の如く……」
（第七章　軍争篇）

「（軍隊は）迅速に行動するときは風のように、静かに待機するときは林のように、敵を攻撃するときは火のように、動かないときは山のように……」

現代人のための『孫子』メソッド

立ち話のような会議を行う。また、三〜四人、五分間で終わるブレーンストーミングを行う。

3　単純に考えれば光が見える

◆迂回路を近道に変えよう

アメリカの軍隊用語から生まれたとされる俗語に、「Keep it simple, stupid」、略して「Kiss」がある。訳せば「単純にやれ、このバカ」とでもなるだろう。物事を難しく考えすぎて身動きが取れなくなったとき、行動を促す言葉として使われるらしい。

この話は、プロ棋士の羽生善治《はぶよしはる》さんによる対談集『簡単に、単純に考える』（PHP文庫）の中で、対談相手の一人である人工知能の第一人者、金出《かなで》武雄さん（米カーネギー・メロン大学教授）が紹介している。金出さんによれば、これは「エンジニアリングの基本的な考え方」でもあるという。

これを受けて、羽生さんは以下のように述べている。

〈将棋では、踏み込むことが大切です。見た目にはかなり危険な局面でも、読み切っていれば怖くはありません。たとえていえば、昔の武士の斬り合いで、相手の切っ先が鼻先一センチのところをかすめていっても、読み切っていれば大丈夫なのです。逆に相手に何もさせたくないと屁っぴり腰で遠巻きにしていると、時間がかかるし、逆転の余地を与えてしまいます。「キスで行け」って合い言葉にいいですね。将棋にも何にでも通用する。人間は何でもできるんだと、勇気が湧いてくる感じです〉

たしかに軍隊にかぎらず、ビジネスや科学技術や勝負事でも、「単純に考える」という発想は不可欠かもしれない。いずれも複雑な世界であることは間違いないが、そのすべてを考慮していると、なかなか肝心なところに行き着けない。むしろ、いかに取捨選択して肝心なところだけを残すかが重要なのだろう。

二千五百年ほど前に記された『孫子』にも、同じような表現がある。「**迂《う》を以《もっ》て直《ちょく》と為《な》し**」（第七章　軍争篇）がそれだ。

『孫子』は、とにかく〝場〟を重視している。いざ戦争となれば、いかに敵軍より先に戦場に到着するかが雌雄を決すると考えた。たしかに、先着すれば戦陣も整えられるし、待つ間に疲れを取ることもできる。疲れ果ててようやく辿り着いた敵軍を一気に叩くこともできる。〝場〟を制すれば有利なことは間違いない。

だが、そもそも出発が遅れたり、迂回路を通らなければならなかったりする場合もある。まして大軍だと、行軍のスピードも上がらない。そこを無理に急がせれば、体力差や荷駄《にだ》の量によって軍列が長く伸びてしまうし、戦場に到着するまでに疲弊する。

ならばそんなバカ正直な行軍はせず、不利を逆手に取って敵軍をおびき寄せ、自軍の近くを戦場にしてしまえばよい。つまり、迂回路を直進の近道に変えるわけだ。何よりも「戦場に先着する」ことを大前提とすれば、必然的に導き出される解だろう。

世界最強の軍隊と世界最古の兵法書の戒めだけに、素直に信じない手はない。「Kiss」も覚えやすい言葉だが、ほぼ同じ意味なら、**「迂を以て直と為す」**と諳《そら》んじたほうが格調高い感じがする。心に刻んでおくことをお勧めしたい。

では現代の会社において、「迂を以て直と為す」手段には、どのようなものが

挙げられるだろうか。例えば、「根回し」がその一つではないかと思われる。

会社などの組織において事の成否は、事前の根回しにかかっていることが多い。「正しいかどうか」よりも、事前に打ち合わせをしていたかどうかが問題になることが多いのだ。まずは、障害になりそうな人（内部にせよ、外部にせよ）に話を通しておくのが「迂」のようでいて、「直」になる。会議でいきなり話を持ち出すと、「オレは聞いていない！」とキレ出す人がいる。そんな人にこそ、事前コミュニケーションが必要だ。

「根回し」というほど大げさなものでなくてもいい。ほんの少しの、「これ、今度の会議で出そうと思っているんですが、よろしくお願いします」といったひと言でも、相手の感情をやわらげる。短い事前のコミュニケーションが迂を直にする。

◆「スピード重視」を前提に考える

実際、これは私たちの日常への戒めにもなる。

幸い戦場にいるわけではないが、私たちにとって雌雄を決するものといえば、まずは「時間」である。どんな仕事であれ、とにかく決断や行動にスピードが求められることは誰もが認識しているはずだ。遅いよりは速いほうが、顧客にも取引先にも好まれるのである。

ところが、溢れんばかりの情報に囲まれ、組織の構造や人間関係も複雑になってくると、意に反して逡巡《しゅんじゅん》する時間が長くなりがちだ。まして、何でも愚直な正攻法で進めようとすると、時間がいくらあっても足りなくなる。まさに「下手の考え休むに似たり」の状態になるわけだ。

そこで一つの方法は、最初から自分を時間がかぎられた状況に追い込むことだ。そうすれば、ある程度割り切って単純に考えざるを得なくなる。それによって何か行動を起こしたほうが、「下手の考え」を継続するよりずっとマシなのである。

それに、まず何を決断すべきか、大局的にものを見ることも重要だ。その上で、決断の選択肢を二〜三に絞る。そこから逆算すると、決断のためにどういう情報が必要なのかが見えてくるだろう。

すでに十分な情報があるなら、あとは思い切って決断するだけ。先延ばしにする理由は何もない。まだ情報が足りないのなら、それは入手可能なのか、いつまで待てば得られるのかを確かめる。ここを曖昧《あいまい》にしてしまうために、決断が先延ばしになるケースが多いのではないだろうか。

これは顧客や取引先に対するアピールにもなる。現段階で決断できなかったとしても、「選択肢はこの三つ」「○○がわかりしだい、結論を出す。それにはあと○日かかる」「あとは○○について教えてほしい」などと説明できれば、相手も見通しを立てることができる。いわば近道に標識を立てるようなもので、少なくとも相手を迂回路に誘導したり、路頭に迷わせたりすることはなくなるはずだ。

◆危機意識をしっかり共有させよ

同時に重要なのは、周囲をその気にさせることだ。多くの仕事は組織で進めるものだから、一人だけ仕事が速くても意味がない。関わる全員が同じ意識と目標を持ち、行動する必要がある。

『孫子』も軍隊の統制を重視している。「**昼戦《ちゅうせん》には旌旗《せいき》を多くし、夜戦《やせん》には鼓金《こきん》を多くす。鼓金・旌旗なる者は、民《たみ》の耳目《じもく》を壱《いつ》にする所以《ゆえん》なり**」(第七章　軍争篇)。昼間の戦いでは幟《のぼり》などを、夜間の戦いでは太鼓や鉦《かね》などを使って、兵士の耳、目が向かう方向を統一させよ、と説いている。

前にも述べたが、基本的に当時の兵士の多くは農民だった。したがって個々人の戦闘能力は低いし、戦いへのモチベーションも高くない。だから、そういう素人軍団を率いて、勝利へ導く将軍の能力や知恵がきわめて重要だったのである。

一方、現代の仕事では、どんな立場であれ、そこまでの素人集団を率いることはないだろう。だが、ただ同じ意識と目標を持つだけでは不十分だ。それぞれが別の仕事をしながら、全体として調和して結果を出す必要がある。必然的に、個々人に要求される能力のレベルは高い。

それはちょうど、サッカーの組織プレーのようなものだ。私が子どものころに遊んだ〝ヘボサッカー〟では、全員でボールに群がるのが常だった。とにかく前に蹴り出せばどうにかなると考えていた程度で、戦術も何もあったものではない。

だが今のサッカーでは、たとえアマチュアでも、いかにスペースを活用するかを考える。つまりボールのない場所へ誰がどう走り込むか、その作戦が勝負を分けるのである。**一見するとバラバラに動いているようだが、実は各人が全体の戦術と自分の役割を把握していること、そしてもちろん同じモチベーションと集中力を維持していることが、強いチームの条件といえるだろう。**

かつて高度経済成長期の日本は、まさに「民の耳目を壱」にしていた。東京オリンピックまでに、何がなんでも新幹線を走らせ、首都高速を通すという熱気に満ちていた。おそらくその背景には戦争の記憶があり、早く立ち直りたいという危機感と、それは国民が一丸となれば実現できるという期待感があった。いわば「一億玉砕」の精神で「一億総生産」へ舵《かじ》を切ったわけだ。その成果に世界が驚嘆したことは、周知のとおりである。

翻《ひるがえ》って、東日本大震災後の日本はどうだろう。復興のスピードが緩慢で、高度成長期のような集中力を欠いていた気がしてならない。当時よりずっと技術は進み、お金もあるはずなのに、それらが効率的に集中投下されなかったのはなぜなのか。

日本全体として「今が勝負どころ」という危機意識が足りなかったからではないだろうか。長らく〝平和モード〟で過ごしてきたために、まだ〝戦闘モード〟への切り替えができていないようだ。危機感と期待感の醸成が急務である。その意味で、「民の耳目を壱にして」は今の日本にこそ必要な言葉かもしれない。

◆相手の逃げ道を用意せよ

『孫子』はまた、「正正《せいせい》の旗を要《むか》うること毋《な》く、堂堂《どうどう》の陳《じん》を撃つこと毋し」（整然と旗さしものを押し立てて向かってくる敵を迎撃してはならず、重厚な布陣の敵を攻撃してはならない）とか、「**高陵《こうりょう》には向かう勿《なか》れ、倍丘《ばいきゅう》には迎うる勿れ、佯北《しょうほく》には従う勿れ**」（高い丘に陣取る敵を攻め上ってはならない、丘を背にして攻撃してくる敵を迎撃してはならない、偽《いつわ》って敗走する敵を追撃してはならない）（第七章　軍争篇）とも述べている。

つまり、強敵や勢いのある敵とまともに戦ってはならないということだ。闇雲な「当たって砕けろ」「やればできる」といった、戦略を欠いたガチンコ精神は美徳ではなく、むしろ無能の証明でしかない。戦略的な交渉とは、野球でいえば「敬遠」のようなものである。

これは、仕事ではよく使う手だろう。不利な交渉はあえて先延ばしして時間を稼ぐとか、強力なライバル商品とは売り込み先が重ならないようにする、といった具合だ。こういう合理性を徹底的に推奨するあたりが、『孫子』の魅力でもある。

「**囲師《いし》には闕《けつ》を遺《のこ》し、帰師《きし》には遏《とど》むる勿《なか》れ**」（第七章　軍争篇）も含蓄がある。敵軍を包囲しても、必ず一カ所は開けて逃げ道を用意せよ。故国に帰ろうとしている敵軍を追撃してはならない。これは「武士の情け」によるものではなく、「窮《きゅう》鼠《そ》猫を嚙《か》む」の発想に近い。死に物狂いの敵軍はやっかいだから、適度に逃したほうが勝ちやすいというわけである。

交渉が有利に運んでも、「今すぐハンコを」と迫るのは得策ではない。相手も身構えるからだ。「持ち帰ってご検討を」と申し出たほうが、その場は丸く収まる。**あるいは会議で誰かの発言が完全に間違っていても、その後の人間関係を考えるなら、論破して撤回を求めてはいけない。**「そういう意見もあるようですが……」とやんわり受け入れつつ、反証となる事実を並べて本人に間違いを自覚させられればベスト。このあたりの機微は、場数を踏んだビジネスパーソンほどよくわかるのではないだろうか。

さらに、戦場で有利に戦うための細かな〝ノウハウ〟もある。例えば「**朝の気は鋭《えい》、昼の気は惰《だ》、暮れの気は帰《き》**」（第七章　軍争篇）もその一つ。敵軍も朝の気力は充実しているが、昼はだらけ、夜は萎《な》える。だから攻撃を仕掛けるなら昼か夜がよい、と説いているのである。

「囲師《いし》には闕《けつ》を遺《のこ》し」

（第七章　軍争篇）

（敵軍を包囲しても、必ず一カ所は開けて逃げ道を用意せよ）

現代人のための『孫子』メソッド

交渉が有利に運んでも、「今すぐハンコを」と迫らず、「持ち帰ってご検討を」と申し出る。また、会議で誰かの発言が完全に間違っていても、論破して撤回を求めてはいけない。

第四章

強い組織は「将」がつくる

1 「雑談力」で部下の心を摑め

◆人に期待しすぎてはいけない

目前に大事なプレゼンを控えているとしよう。もし内容に欠点が見つかったら、本番までになんとか克服しようとするに違いない。「まさかその部分は質問されないだろう」「ごまかしてスルーできそうだ」と鷹揚《おうよう》に構える人はいないはずだ。これは、社会人として常識の範囲だろう。

『孫子』も、こういう希望的観測は徹底的に許さない。**「兵《へい》を用うるの法は、其《そ》の来たらざるを恃《たの》むこと無く、吾《わ》が以《もっ》て待つこと有るを恃むなり。其の攻めざるを恃むこと無く、吾が攻む可《べ》からざる所有るを恃むなり」**（第八章　九変篇）。敵がやって来ないことを当てにするのではなく、自軍に敵への備えがあることを頼みにせよ。敵軍が攻撃してこないことを当てにするのではなく、敵軍が攻撃できないような仕掛けを持てと、説いているのである。

私なりにもう少し拡大解釈すると、これは**「人に期待しすぎるな」**ということでもある。ネガティブに聞こえるかもしれないが、それは違う。「個人の独立」を説いた福澤諭吉の『学問のすゝめ』（岩波文庫）には、以下のような厳しい一文がある。

〈独立の気力なき者は必ず人に依頼す、人に依頼する者は必ず人を恐る、人を恐るる者は必ず人に諛《へつら》うものなり。常に人を恐れ人に諛う者は次第にこれに慣れ、その面《つら》の皮《かわ》鉄の如くなりて、恥ずべきを恥じず、論ずべきを論ぜず、人をさえ見ればただ腰を屈するのみ〉（三編）

かの兼好も、『徒然草』で〈万《よろづ》の事は頼むべからず。愚かなる人は、深く物を頼む故に、恨《うら》み、怒る事あり〉（第二百十一段）と述べている。過度に人に期待したり、頼ったりするから、そのアテが外れると恨んだり怒ったりしてしまう。だから、最初から過度に期待するなということだ。

例えばプロ野球でも、一打逆転のチャンスで四番打者があっさり凡退すると、ファンには強烈な「がっかり感」が生まれる。たとえその打者が打率三割を超えていたとしても、厳しい野次を飛ばしたり、「チャンスに弱い」などとネガティブなレッテルを貼ったりしたくなる。それ自体が観戦の楽しみでもあるが、少なくとも「正しい評価」とはいえないだろう。

教育に携わる者にとって、これはもっと切実な問題だ。誰でも教え子はかわいいから、おおいに伸びてもらいたいし、そのための指導は惜しまない。しかし、一〇の実力の教え子に二〇も三〇も期待するのは無謀だ。「やればできる」とハッパをかけるのは簡単だが、それはかえって本人をプレッシャーで苦しめることになりかねない。

重要なのは、冷静に評価すること。まず実力を見きわめた上で、それが一〇なら、一二か一三あたりまで伸びるように指導する。結果的に一五になれば褒めればいいし、一〇で止まったままでも責めたりしない。それが教育的配慮というものだ。

こういう姿勢は、会社で部下や後輩を指導する立場にある人にとっても大切だろう。闇雲に数字を押しつけても意味がない。しかし、放任主義では成長しない。個々の能力を把握した上で、仕事を割り振ったり、課題を与えたりする必要がある。このあたりは、誰もが日々悩んでいる点だろう。

◆優しいだけではリーダー失格

そこでポイントになるのが、コミュニケーション能力だ。

『孫子』に以下の文言がある。「**卒未《そつい》だ槫親《せんしん》ならざるに而《しか》も之《こ》れを罰すれば、則《すなわ》ち服さず。服さざれば則ち用い難きなり**」（第九章　行軍篇）。

将軍が兵士と親しくなっていないうちに罰したりすれば、兵士は将軍に心から従おうとはしない。従わなければ、用兵もままならない。単に肩書や指示系統があるだけでは、統率は取れないということだ。少なからず〝心の交流〟が欠かせないのである。

したがって、当然ながら「お前にはそんなに期待していないよ」などとストレートに言ってはいけない。またマイナス面が目についたとしても、それをいちいち指摘することは、必ずしも得策ではない。

特に最近は、ちょっとキツく注意されただけで出社しなくなったり、妙に逆恨みしたりする若い人が多いと聞く。それも、注意された中身より、「言い方」にこだわる傾向があるらしい。「あんな言い方をされたらモチベーションが下がる」「あの人は人間的にダメだ」といった具合だ。自分のミスやマイナスと向き合うのが辛いから、そうやって正当化しようとするのだろう。いろいろ注意しなければならない上司や先輩にとっては、受難の時代である。

本音がどうであれ、あえてプラス面に焦点を当て、表向きはそこそこ期待しているように振る舞うことが必要かもしれない。そして結果的に失敗しても、内心は「やっぱりダメだったか」と冷静に受け止めつつ、表向きは励ます。上下関係における、こういう「二重帳簿」なら許容されるだろう。

ただし、だからといって、ただ優しく接すればいいというわけでもない。この点について、『孫子』は以下のように冷徹に説いている。「諄諄間間《じゅんじゅんかんかん》として、徐《おもむろ》に人に言《かた》る者は、其の衆《しゅう》を失う者なり。数《しば》しば賞する者は、窘《くる》しむなり」（第九章　行軍篇）。

つまり、「上官が静かな口調で兵士に語りかけるのは、兵士の心が上層部から離れているため。やたらと賞を出すのは、兵士の士気が低下して苦しんでいるた

め」と看破しているのである。

こういう軍隊が強いはずはない。心が離れているから強い態度に出られないわけで、リーダーとしては力不足だ。部下はそれを見透かすものである。

◆上司・先輩には「雑談力」が必要

では、どうすればいいのか。

これについても、『孫子』は正解らしきものを用意している。**「之《こ》れを合《がっ》するに交を以てし、之れを済《ひとし》くするに武《ぶ》を以てするは、是《こ》れを必取《ひっしゅ》と謂《い》う」**（第九章　行軍篇）。ふだんから親密に交わり、しかしルール違反には毅然《きぜん》として武威を用いて対処する姿勢を示せば、軍隊は自ずと一致団結するというわけだ。

きわめて真っ当なメッセージだが、とりわけ注目すべきは「交」である。

かつて日本経済が強かったころ、会社にはどこか家族経営的な雰囲気があった。仕事が終われば大勢で飲みに行き、お互いの性格や家族構成も把握し、社員旅行や社内運動会などのイベントも多かった。こういう日常的なつながりが、仕

事へのモチベーションや組織への帰属意識を生み、多少キツいことを言われても素直に受け入れる土壌になっていたのではないだろうか。

だが私にいわせれば、そうしたイベントにこだわらなくても、もっと簡単に、「交」を深める方法がある。職場での雑談を大切にすることだ。

雑談なら負担にならない。会議が終わった瞬間とか、廊下ですれ違ったときやリモートでのすき間時間などのタイミングを狙えばいい。話題は趣味やスポーツでもいいし、家族のことでもいい。自分から問いかけるのが基本。こうして軽い会話を重ねることが、「交」の第一歩であり、この積み重ねが「交」を深くするのである。

私がこの点について実感をともなって共感できるのは、実家が小さな会社を経営していたからだ。絵に描いたような昭和の家族的経営で、社員どうしのつながりが公私にわたって深かった。子どもの誕生・入学・卒業を一緒に祝ったり、若い社員にはアパートや結婚相手を紹介したりといった具合だ。それが、仕事のモチベーションにも直結していたのである。

ただし、今は時代が違う。あまりプライベートに立ち入る質問だと、セクハラやパワハラになりかねない。かといって同じ質問ばかりでは、健忘症を疑われる。**これからのリーダーに求められるのは、疎まれず、飽きられない「質問力」を身につけることだ。**

その一方で、上司としての威厳も示さなければならない。「親しみやすい」「理解がある」上司像を目指すのはいいが、「緩い」上司になってはいけない。『孫子』が指摘するように、部下が社内外のルールに違反したり約束を守らなかったりしたとき、「まあいい」と寛大な態度を取ると、たちまち部署の空気が緩んでしまう。どれほど優秀な部下であっても、「泣いて馬謖《ばしょく》を斬る」厳しさが必要なのである。

疎まれず、飽きられない「質問力」を身につける一方、ルール違反には厳しく対処する。

「之《こ》れを合《がっ》するに交を以てし、之れを済《ひとし》くするに武《ぶ》を以てするは、是《こ》れを必取《ひっしゅ》と謂《い》う」

（第九章　行軍篇）

（ふだんから親密に交わり、しかしルール違反には毅然として武威を用いて対処する姿勢を示せば、軍隊は自ずと一致団結する）

2 「動かない」のも勇気

◆上司に異論を言えますか

現場の感覚からも、過去の実績からも「もう売れない」と思われる商品を、上司から「意地でも売ってこい」と指示されたとしよう。あなたなら、どうするだろうか。

まだ二十代の若手社員なら、「がんばります！」と元気よく会社を飛び出すくらいの勢いがあってもいい。時間と労力のムダになる可能性が高いが、それも経験だ。

だが三十代ともなれば、もう少し冷静に行動する必要がある。もっともラクな選択肢は、黙って上司の指示に従うことだ。結果的に売れなくても上司の責任であり、余計な波風が立つこともない。

しかしそれでは、会社におけるあなたの存在理由はない。メンバー全員が同様ならば、そのチームはかなり弱いはずだ。会社の利益のために、上司に再考を促すのが本筋だろう。

どれほど優れた上司でも、現場の状況やデータをすべて把握しているとはかぎらない。**むしろ、悪い情報ほど届いていない可能性がある。**しばしば「名経営者と呼ばれる人は、悪い情報こそ積極的に求める」といわれるが、逆にいえば、肩書が重くなるほど、組織内の情報が届きにくくなったり、意思の疎通が悪くなったりするということでもある。

だから、その下にいる者が、伝えるべきは伝えなければならない。上司の知り得ない現場の情報を持つ者として、指示に従うか否かの判断が必要になる。

『孫子』にも、**「君命《くんめい》に受けざる所有り」**（第八章　九変篇）との記述がある。現場を預かる将軍は臨機応変に対処しなければならず、そのためには君主の命令に背かなければならない場面もあるということだ。規律や統制を何よりも重んじる軍隊組織でさえ、「上意下達」は不動の鉄則ではないのである。会社組織なら、なおさら柔軟性があってもいいだろう。

ただ問題は、どうやって伝えるかだ。上司の指示を黙って無視するのは論外として、「自分が損をする」「面倒くさい」などの個人的な理由ももちろんダメ。会社や組織の利益を最優先することを前提に、データなどで状況を示して上司を説得する必要がある。

◆利害の両面をすべて書き出せ

ただし、当然ながら、現場の判断が常に正しいともかぎらない。部分的には不利であっても、組織全体として俯瞰的、長期的に見れば欠かせない戦略というものもある。あるいは、その逆のパターンもあり得よう。

では、どう判断すればいいのか。『孫子』はこれについても、きわめて簡潔で合理的な解を用意している。「**智者の慮《りよ》は、必ず利害《りがい》を雑《まじ》う**」（第八章　九変篇）がそれだ。物事には必ずプラス面とマイナス面がある。その両面を挙げて比較検討し、進むか退くかを決めよということだ。

当たり前のように思えるが、実際にはなかなか難しい。先入観や欲、恐怖心、それに人間関係などの感情がどうしても視界を曇《くも》らせるからだ。

例えば企画会議で、全体が「これでいこう」という空気になると、もうデメリットについては検討も発言もしづらくなる。なまじブレーキをかけようとすると、「保守的」とか「抵抗勢力」とか、あるいは「臆病」などと呼ばれかねないからだ。

逆に、誰かの提案にネガティブな意見が続くと、その提案の中にあったかもしれない使えそうな部分まで潰してしまうことになる。こういう光景は、多くの職場で日常茶飯ではないだろうか。

ならば、最初から「プラスとマイナスがある」と決めてかかってはいかがだろう。できるかぎり検討材料を洗い出し、ホワイトボードの中央に縦線を引いて、バランスシートのように左右にプラスとマイナスを振り分けていくのである。

このとき、「箇条書きにして最低五項目ずつ挙げる」といったノルマを課すと出やすくなる。ただ漠然と「考えろ」とされるより、細かく点検しようという気になるからだ。「論文を書け」と「空欄を埋めよ」の違いと考えればわかりやすい。

それは同時に、「なんとなく大丈夫だろう」といった予断の排除にもつながる。つまり細かく具体的に挙げることが、後に想定外の事態を生まないような思考の訓練にもなるわけだ。

何かトラブルが発生したとき、想定の範囲内であれば、対処のしようもある。しかし、東日本大震災のときの福島第一原子力発電所の事故の例でもわかるとおり、「想定外」または「想定はあったものの無視」だったとしたら手の施しようがない。箇条書きでその芽をつむことができるとすれば、試さない手はないだろう。

さらにもう一つ、プラスとマイナスに振り分けた項目について、それぞれ再点検することも重要だ。**マイナス項目の中にプラス面はないのか、逆にプラス項目の中にマイナス面はないのか考えてみるわけだ。**そうすると、弱点こそ最大のセールスポイントになったり、強みが実は足枷《あしかせ》になったりするのがわかることがある。これはある種の思考訓練であり、経験を積むことで、対象をより複眼的に見ることができるようになるのである。

どちらに分《ぶ》があるかを判断するのは、これらのプロセスを経た後でも遅くはない。このとき、いくらプラス面が多くても、一つのマイナス面がそれを上回れば撤退するという結論になるだろう。いずれにせよ判断という作業は難しいが、少なくとも、不測の事態を極力排除することはできるはずだ。

◆〝負の判断力〟こそ重要

とりわけ注視すべきは、やはりマイナス面の項目だろう。

何かの企画が持ち上がったとき、概してプラス面ばかりに意識が集中する。そのための企画であり、明らかにマイナス面が大きければ議題に上るはずもないからだ。「変化」「斬新」「画期的」「現状打破」といった言葉に、私たちは弱い。一方で、慎重な見方は「ネガティブ」として嫌われがちだ。プレゼン等にしても、まずメリットばかりを強調するのが常套手段である。

おかげでその企画は通るかもしれないが、重大なマイナス面を見逃していたために、かえって損害を被るという事態も少なくない。だから、「何もしないよりはチャレンジしたほうがいい」と考える前に、詳細なリスクの検討が必要なのである。

例えば何かの契約を結ぶ際にも、重要なのは契約書にまんべんなく目を通すことではなく、「最大のリスクは何か」を特定することだ。一見するとコンスタントな利益が見込めるようでも、万が一の場合に莫大な支払いが生じるような契約もある。そこからプラスマイナスを勘案して、その条項を修正するとか、それが不可能なら契約しないといった選択もあり得よう。

逆に、自分が契約を申し出る側なら、相手にとって最大のリスクを示して検討を促すことが、誠実な態度といえるだろう。自分の利益を損ねることになりかねないが、これは「損して得取れ」の世界である。

およそ古今東西の名将や名経営者と呼ばれる人物は、「何を成し遂げたか」で評価される。しかし考えてみれば、その裏には数多くの提案や誘惑があったはずだ。それに対して的確に却下や拒否の判断も下してきたからこそ、大きな落とし穴に嵌《は》まることなく、成し遂げるべきものに労力や資源を投入することができたのだろう。

例えば世界的な投資家として知られるウォーレン・バフェットは、**「成功者と本当の成功者の違いは、本当の成功者はほとんどすべてのことに〝ノー〟と言い**

続けてきたことだ」という言い方をしている。さすがにバフェットほどの投資家・資産家ともなると、各方面からさまざまなオファーが持ち込まれるはずである。それに対し、応じないことが圧倒的に多かったらしい。何に投資したかより、何に投資しなかったかが成功の秘訣というわけだ。

こういう〝負の判断力〟は、もっと評価されてしかるべきである。長年の経験に裏打ちされた直感力や冷静さのなせる業だろう。果敢にチャレンジしたり、部下にハッパをかけたりするだけがリーダーの役割ではない。

◆撤退する勇気を持て

仮に計画段階ではすばらしいアイデアだったとしても、いざ実行に移すと問題が露呈することはよくある。理論と実践は、往々にして食い違うものである。これ自体は仕方がない。

例えば、かつて行われた「ゆとり教育」もその一つだろう。教科書による勉強だけではなく、さまざまな経験を通じて生きる力を学ばせたいという発想自体は、けっして間違っていなかった。ところが問題は、教壇に立つ先生自身がその意図を十分に理解できなかったことだ。だから現場は混乱し、理想とはほど遠い授業が行われ、「緩さ」だけが残った。おかげで各方面から強い非難を浴びる結果となったのは、周知のとおりである。

ここから得られる教訓は二つある。一つは、誰が実践・運用するのかを考える必要があるということ。それは個々人の資質や能力というより、どこまで情報共有・意思統一が図られているかという問題だ。

もう一つは、当初の計画からズレが生じたとき、どの段階で軌道修正を図るかということだ。できれば本格始動の前に試用期間を設け、問題を見きわめて修正するなり撤退するなりの措置を取ることで、傷口は最小限で済む。それが難しい場合でも、早期発見・早期解決に越したことはない。

だが、一度始めてしまった事業は、なかなかブレーキをかけにくいことも事実である。それは、今までかけた時間やコストがムダになるという意識や、続けていればなんとかなるという希望的観測が邪魔をするからだろう。

それは、誰も責任を取らずに問題を先送りしているにすぎない。多くの場合、

放置すればますます損失が大きくなるだけだ。そういう事例は、枚挙にいとまがない。

そこで重要なのは、冷静なチェックを怠らないことだ。やはりプラス面とマイナス面を天秤にかけつつ、進捗状況を確認するわけだ。そしてマイナス面が大きければ、誰かが責任を負って存廃《そんぱい》の決断を下す必要がある。それはトップにかぎらず、現場から声を上げるというパターンもあり得よう。「やめる勇気」も、ビジネスパーソンに欠かせない決断力の一種である。

◆ビジネスパーソンに忍び寄る五つの危険

『孫子』はまた、将軍の人格にも両面性を求めている。

「将に五危《ごき》有り。必死《ひっし》は殺され、必生《ひっせい》は虜《とりこ》にされ、忿速《ふんそく》は侮《あなど》られ、潔廉《けつれん》は辱《はずか》しめられ、愛民《あいみん》は煩《わずら》わさる。凡《およ》そ此《こ》の五者は、将の過《あやま》ちにして、兵《へい》を用うるの災いなり。軍を覆《くつがえ》し将を殺すは、必ず五危を以《もっ》てす」（第八章　九変篇）。

将軍には五つの危険がある。決死の勇気だけがある人は殺され、生き延びようという執着が強い人は捕虜にされ、短気な人は侮られて計略にかかり、清廉潔白な人は侮辱を受けて罠にかかり、部下への愛情を持っている人は苦労が絶えない。およそこの五つは将軍の過ちであり、軍隊を動かす上で災いとなる。軍を滅亡させ将軍を敗死させるのは、必ずこの五つのどれかである――『孫子』はこう述べている。

一見すると、名将の手本になりそうな要素が多いが、『孫子』の見立ては逆だ。もちろん全否定しているわけではなく、一つのキャラクターに凝り固まることを戒めたのだろう。これは、コミュニケーション能力の観点からも、きわめて示唆《しさ》に富むポイントだ。

例えば「潔廉」とは、いい換えれば「融通がきかない」ということでもある。しかし、多くの人を統率したり、利害関係のある相手と交渉したりする際には、「清濁併せ呑む」柔軟さも必要だ。ただし、濁りすぎては元も子もない。

清廉潔白の権化《ごんげ》のような裁判官でさえ、法律論だけに頼らず、総合的な見地から判断を下すことがある。実際、そのほうが現実に則している場合が少なくない。

「愛民」にしても、情けが深すぎるのは問題だ。非情な部分がなければ重要な決断ができないし、だとすれば軍隊に対して示しがつかない。臨機応変にキャラクターを使い分ける器用さ、つまりは人としての重厚さを求めているわけだ。

例えば私の場合も、学生に対する〝いたわり〟の気持ちを忘れたことはない。だが同時に、「出席重視。欠席は三回まで。それ以上は不可。最終レポート不提出の場合は不可。ふだんの発表レポートを最終レポートに付ける。なければ不可」と最初から宣言している。だいたい年度末になると、この基準に抵触《ていしょく》した学生が、「なんとかしてください」と泣きついてくるが、私は一切認めない。「また来年度に会おう」と肩を叩くのみである。

もしここで仏心を起こすと、学ぶ意味が失われてしまう。つまり、教師として失格である。がんばっていい成績を取った学生に対しても、示しがつかない。だから、心を鬼にするしかないのである。

要は、人間として「二面性」を持てということだ。「優しい」だけではなく、厳しさも併せ持つ。「熱く語る人」であると同時に、冷静な状況判断もできる。これらの対極的なキャラクターを、バランスよく臨機応変に使い分けよと説いているのである。

「智者の慮《りよ》は、必ず利害《りがい》を雑《まじ》う」

（第八章　九変篇）

（智者は、必ずプラス面とマイナス面を挙げて比較検討する）

現代人のための『孫子』メソッド

できるかぎり検討材料を洗い出し、ホワイトボードの中央に縦線を引いて、バランスシートのように左右にプラスとマイナスを振り分けていく。

3　情報と経験の共有が結束を高める

◆「真摯さ」には覚悟が必要

今やすっかり有名になったP・F・ドラッカーの『マネジメント』（ダイヤモンド社）だが、その中に登場する重要なキーワードの一つが「真摯さ」だ。およそ人の上に立つ人、組織を統率する立場にある人は、仕事や組織に対して、この要素が不可欠であるという。

では、「真摯さ」とは何か。「誠実さ」「まじめさ」などといい換えることも可能かもしれないが、ニュアンスはやや違う。「真摯さ」には、もう少し、仕事や組織に対する倫理観やひたむきな態度が含まれるのではないだろうか。

実は、その意味をズバリと言い当てたような言葉が『孫子』にある。「**進みて名《な》を求めず、退きて罪《つみ》を避けず**」（第十章　地形篇）だ。「戦闘を行うときに自らの功名を求めたり、退却時に自らの責任を免れようとしたりしてはいけない」といった意味になろう。

一見すると当たり前にも思えるが、このくだりには前段がある。「**戦道**《せんどう》**必ず勝たば、主**《しゅ》**は戦うこと無**《なか》**れと曰**《い》**うも、必ず戦いて可**《か》**なり。戦道勝たざれば、主は必ず戦えと曰うも、戦うこと無くして可なり**」。戦闘の道理として絶対の勝算があるときは、たとえ主君が戦闘するなと言っても、戦闘してもよい。逆に戦闘の道理として勝算がないときには、たとえ主君が戦えと言っても、戦わなくてよい、と論じているのである。その上で、「進みて……」と覚悟を求めているわけだ。

上司に背く判断が自分の利害によるものだとすると、明らかに上司からも部下からも信用を失う。**ベースにすべきは、あくまでも組織の利益だ**。守るべきは民衆の生命であり、結果的に勝利または最小限の敗北につながれば君主の利益にもなる。『孫子』は、現場でこういう判断ができる者こそ「国の宝」であると述べている。

これは現代の仕事にも当てはまるだろう。単に「誠実さ」「まじめさ」を貫くのであれば、上司の指示に従っていればよい。しかし、どれほど優秀な上司でも、現場の実情に明るいとはかぎらない。そこで、「真摯さ」を追求するなら、上司の命令に背いてでも、自らの責任で最善策を導き出す必要があるということだ。

◆部下に今の状況を尋ねよ

そこで重要になるのが、状況理解力だ。前出の「**彼《か》れを知り己《おの》れを知らば、百戦して殆《あや》うからず**」（第三章　謀攻篇）の有名な文言からもわかるように、『孫子』は状況理解に徹底的にこだわる。緻密な情報収集と分析こそが勝負の分かれ道、というわけだ。

分析の対象は、相手と自分だけではない。「**地《ち》を知り天《てん》を知らば、勝《かち》は乃《すなわ》ち全《まっと》うす可《べ》し**」（第十章　地形篇）とも述べている。地形の状況や天候、気温、季節なども考慮に入れよということだ。今日のビジネスに置き換えるなら、社会情勢や経済環境、それに流行や現場の空気感などが当てはまるだろう。

さらに現代に合わせて付け加えるべきは、**その理解を現場の全員で共有することだ**。『孫子』の時代なら、リーダー一人が状況を把握して軍隊に指示を出せば

済んだかもしれない。しかし今の会社組織は、概して個々人の役割分担が複雑で、責任も重い。プロサッカーのように、バラバラに動きつつも統一的な認識や意図を持たなければ、高度な組織プレーは実現しないのである。

それを周知徹底するのもリーダーの役割だ。とはいえ、部下に一方的に教えるだけでは成長は期待できない。むしろ「今がどういう状況なのか、ちょっと言ってみて」と日常的に尋ねるクセをつけたほうが効果的だろう。本人が直面している現状とともに、組織全体の現状をどう見ているかについても答えさせるのがポイントだ。

部下にとっては鬱陶《うっとう》しいだろうが、聞かれた以上は答えないわけにはいかない。そうすると、個々人によって状況理解力に差があることに気づくだろう。それは組織における役割や経験知によるもので、ある程度のバラつきは仕方がない。だが、それによって現状認識のズレを修正して共有できれば、個人にとっても組織にとってもメリットは大きいはずだ。

これは大づかみな状況だけではなく、目の前で起きていることに対しても有効だ。例えば部下が、何らかの事情で取引先を怒らせてしまったとする。そのとき、「今すぐ謝りに行ってこい」と指示を出すだけでは教育上もったいない。やはり「今はどういう状況？」と先方が怒り出した経緯を説明させ、「じゃあ、どうすればいいと思う？」と対処法を聞き出す。ズレた答えしか返ってこなければ、「こういうときは……」と教えればいい。あるいは「謝りに行くべき」と答えれば、部下は状況理解力に加えて判断力も一つ身につけたことになる。

逆に、部下が上司に状況を伝えるルートも重要だ。上司が現場やビジネス環境をすべて把握しているとはかぎらないからだ。アップデートされていない知識や見識で大きな判断を下されると、組織全体に実害が及ぶことになる。それを阻止するのは、現場をよく知る部下の役割だろう。基礎的な情報は持っているはずなので、以前と比べてどう変化したのかを伝えるのがポイントだ。

仕事でもスポーツでも、いわゆる〝一人相撲〟でボロ負けすることはよくある。それはひとえに、個人の状況理解力の不足が原因だ。しかし、上司・部下双方でそれをカバーし合えば、傷口はずっと小さくなるのである。

◆組織で苦労した「負け」は、「勝ち」に等しい

『孫子』のいう「勝は乃ち全うす可し」とは「計算どおり勝てる」という意味だが、「負けにくくなる」と拡大解釈してもいいだろう。

ビジネスにおいて「負け」といってもいろいろある。問うべきは負け方だ。

例えば、誰かのボロ負けが露呈せず、このままでは組織としてマイナス二〇の損失を出すところだったとしよう。しかし、仮に途中で状況を確認し、組織全体で軌道修正を図ってマイナスを五で食い止めたとすれば、それはもはや「負け」ではない。プラス一五の「勝ち」と見なすべきだろう。

日常の仕事の中で、連戦連勝は難しい。マイナスをある程度許容しつつ、それをいかに最小限に留めるかが重要なのである。少なくとも、存亡の危機につながるような負け方をしないよう心がけるということだ。組織内で状況理解が共有されていれば、これはほぼ達成できるはずである。

しかも、たとえ負けてもチームプレーで最小限に抑えることができると、ふつうに勝ったときより気分がいい。ともに苦労した〝戦友〟として、結束がより強固になるからだ。「雨降って地固まる」とは、このことである。

私にも以前、学生のちょっとしたミスのため、同僚とともに某所へ謝罪に行く機会があった。けっしてポジティブな話ではないが、道中で同僚と対策などを話しているうちに意気投合し、すっかり元気になって戻ってきた覚えがある。

あるいは、当の学生とともに謝りに行ったこともあるが、やはり道中で事情を聞いたり、一緒に頭を下げたりしているうちに、仲間意識が芽生えて帰りぎわに飲みに行ったりもした。逆境の中にいる者どうしは、結びつきやすいのである。ましてや、日々机を並べている間柄なら、なおさらだろう。

その意味で、「勝ち」の観念を改める必要がある。**苦しい戦いであるほど、簡**

単に勝ったときより、組織の結束力は増すものだ。たとえ数字の上では負けたとしても、その負けは「勝ち」に等しいのである。

◆結束力を強める〝あだ名〟の効力

『孫子』には、「**卒**《そつ》**を視**《み》**ること嬰児**《えいじ》**の如**《ごと》**し。故**《ゆえ》**に之**《こ》**れと深谿**《しんけい》**にも赴**《おもむ》**く可**《べ》**し**」（第十章　地形篇）という文言もある。将軍が兵士をいとおしい赤ん坊のように見守るからこそ、いざというときに兵士を危険な深い谷底にも率いることができると説いているのである。

「嬰児」とまではいかなくても、組織はもともと運命共同体のようなものだから、日ごろからお互いに信頼関係があったほうがいいし、結束力も強いほうがいい。

ただそれは、一朝一夕《いっちょういっせき》にできるものではない。ある程度の時間と経験の蓄積を経て、自然に醸成されるものだろう。

しかし、あえて人為的にお互いの距離を縮める方法もある。**〝あだ名作戦〟**

だ。バカバカしいと思われるかもしれないが、その効果は絶大だ。

かつて学校の教室でも職場でも、お互いをあだ名で呼び合うことはわりと一般的だった。例えば私の子ども時代も、クラスで「ラーメン」と呼ばれている男の子がいた。なぜそんなあだ名になったのかは覚えていないが、そう呼ぶことが仲間意識を高めたし、本人もそれを誇りに思っているようだった。だいたい今でも記憶していること自体、そのインパクトの強さを物語っている。

ところが最近、こういう文化はすっかり廃れてしまった。一歩間違えば〝いじめ〟の一種になりかねないという配慮もあるだろうが、やはり人間関係の希薄化が主な原因と思われる。誰でも経験があるはずだが、あだ名で呼び合うということは、それなりに親しい関係が前提になるからだ。

そこで以前、大学の英語の授業で、学生にそれぞれ自己紹介してもらった際、必ずアメリカ人流に「Call me ○○」と付け加えるという条件を課したことがある。同じ教室にいながら、お互いに名前すらすべて知っているわけではない彼らを、むしろあだ名を使って強引に結びつけようとしたわけだ。

これを実践したとたん、お互いの認知度が高まるとともに、授業もにわかに活況を呈した。呼びやすさ、親しみやすさが相まって、仲間意識が芽生えたのである。

もちろん、会社内で同僚や上司に「Call me ○○」と呼びかけるのは、いろいろな意味でハードルが高いだろう。逆に誰かをあだ名で呼ぶと、パワハラやセクハラで訴えられかねない。まして上司をあだ名で呼ぶなど、もっと難しいかもしれない。

しかし一定年齢以上の方なら、いい大人たちがお互いをあだ名で呼び合う、きわめてアットホームかつパワフルな部署を覚えているはずだ。往年の人気テレビドラマ「太陽にほえろ！」の舞台である「七曲署《ななまがりしょ》」だ。

若い刑事は「ジーパン」だの「マカロニ」だのと一方的に命名され、一方、新人を含む若い刑事はベテラン刑事を躊躇《ちゅうちょ》なく「山さん」だの「ゴリさん」だのと呼ぶ。彼らはもともと仲がいいからあだ名で呼び合ったのではなく、あだ名で呼び合うという習慣があったから、鉄の結束を誇ることができたのではないだろうか。

「もう『太陽にほえろ！』の時代ではない」と言われればそれまでだが、例えば少人数のプロジェクトチームで、上の立場にある人が同僚や部下にあだ名をつけるくらいなら、それなりに許容されるのではないか。それがチーム内に浸透してくれれば、仲間意識や結束力はグッと高まるはずである。

◆「会社人間」のすすめ

ただし、中には会社に仲間意識を求めない人もいる。仕事はあくまでもお金を稼ぐ手段であり、会社はその機会を提供してくれる場にすぎない。だから余計なコミュニケーションはしたくない、という理屈である。

おそらくこういう人は、チームで同じ目標に向けて戦う一体感や高揚感を、あまり経験したことがないのだろう。もちろん、必要以上にベタベタすることはない。だが、どうせ毎日、顔を合わせるのなら、気分よく合わせたほうがよい。それには、協力したり連携したり、あるいは雑談したりといったコミュニケーションが欠かせないのである。

たしかに、中日ドラゴンズの元監督、落合博満氏のように、「選手は自分のことだけ考えていればいい」という発想もあるだろう。だがそれは、そういう選手たちを束ねてうまく使える監督がいて、初めて成り立つ話である。個人がチームのことを考えないとしても、上司が余計に考えているわけで、全員がバラバラでいいという話ではない。

それに野球にせよサッカーにせよ、一流と呼ばれる選手ほど、個人の成績を気にしないものだ。それよりも、「とにかく勝ちたい」「チームのために貢献したい」という気持ちが圧倒的に強い。それは、チームで勝つ喜びを知っているからだろう。むしろそれが原動力になったからこそ、努力や協力を惜しまず、結果的に一流と呼ばれるほどに成長したのではないだろうか。

だいたいスポーツの世界においてチームづくりといえば、戦略の基本中の基本である。いかにチームの意思を統一するかは、個々人の実力以上に勝敗を左右する。ところが会社の〝部署づくり〟においては、ややないがしろにされている感がある。

それを象徴するのが、「会社人間」という言い方だ。仕事に一生懸命だったり、会社の利益を第一に考えたりすると、こう揶揄されることがある。基本的には「for the team」や「one for all」と同じ意味なのに、なぜチームではよくて会社ではダメなのか。もう少し、戦略的に結束を高める工夫があってもいいのではないだろうか。

「地《ち》を知り天《てん》を知らば、勝《かち》は乃《すなわ》ち全《まつと》うす可《べ》し」

（第十章　地形篇）

（地形の状況や天候、気温、季節なども考慮に入れれば、計算どおり勝てる）

現代人のための『孫子』メソッド

部下に「今がどういう状況なのか、ちょっと言ってみて」と日常的に尋ねるクセをつける。

第五章　そして、いざ〝戦闘〟へ

1 劣勢はこうして盛り返せ

◆「運」や「天」のせいにしていないか

仕事で失敗したり、目指していた結果を出せなかったりしたとき、「運が悪かった」と考えることはよくある。気分を切り替えるという意味では、それもそれなりに有効かもしれない。

だが、『孫子』はこういう発想を全否定する。「**兵《へい》には、走る者有り、弛《ゆる》む者有り、陥《おちい》る者有り、崩《くず》るる者有り、乱《みだ》るる者有り、北《に》ぐる者有り。凡《およ》そ此《こ》の六者は、天《てん》の災《わざわ》いには非《あら》ずして、将《しょう》の過《あやま》ちなり**」（第十章　地形篇）。兵の潰走《かいそう》や規律の緩み、士気の低下、組織の乱れや崩壊、それに敗北といった軍隊の失敗は、すべて天の災厄ではなく、将軍の過ちであると断言しているのである。

兵が潰走するのは、戦闘の作戦が無謀だからにほかならない。規律が緩むのは、現場の官吏（将校）が弱腰だから。士気が低下するのは、強気な官吏に対して兵士が弱気だから。『孫子』はこういう調子で、責任をことごとく将軍に求める。

当時の戦争は、「いかに天を味方につけるか」が勝敗を左右するという考えが主流だった。ある種の占いのようなもので、平たくいえば「運任せ」である。その中にあって『孫子』の「すべて将軍の責任」とする発想は、きわめて画期的だった。さすが、徹底的に合理性を追求する『孫子』の面目躍如といったところだろう。

たしかに、組織にとってリーダーがどれほど重要かは、スポーツを見ているだけでもわかる。とりわけサッカーの場合、監督の指示が明確でなければ、たちまちチームは混乱する。

あるいは相手が意表をついた作戦に出た場合、早く対処方針を打ち出さなければ浮き足立ってしまう。こういう事態に至るのは、実力の問題というより、やはり監督の力量に負うところが大きいだろう。

ただこれは、けっしてネガティブに捉えるべき話ではない。敗因が「天の災い」だとしたら、人間にはもう対処のしようがない。どんなに抗《あらが》ってもムダである。**しかし人為的な問題であるならば、悪い部分を改めればよいということになる。がぜん、光が差してくる気がしないだろうか。**

例えば、日本の景気はずっと低迷し続けている。「だから仕事がうまくいかない」「給料が伸びない」と気分まで低迷しがちだが、それでは何の解決にもならない。日本に住む以上、景気の条件は全員が同じだ。それを前提として考えるからこそ、次の一手が見えてくる。実際、今でも成功している人は少なからずいる。その現実を、肝に銘じる必要があるだろう。

それどころか、不運としかいいようのない逆境の中にあっても、なおポジティブな姿勢を崩さない人もいる。サッカー元日本代表の本田圭佑《けいすけ》選手もその一人だ。ロシアのプロサッカーチーム、ＣＳＫＡ《ツエスカ》モスクワに所属していた二〇一一年夏に大怪我を負ったが、その後に出演したＮＨＫの「プロフェッショナル　仕事の流儀」で、「残念だけどチャンス」と述べていた。リハビリ中に他の部位をゆっくりトレーニングできるという意味らしい。

並みの神経なら、まさに天を恨み、我が身の不幸を嘆きたくなるはずだ。それを「チャンス」と称して跳ね返そうとする強靭なメンタリティには、もはや感服するしかない。まさに「災い転じて福となす」を地で行っているわけだ。あくまでも自分の問題として引き受けたからこそ、冷静に対処法が見えてくるのだろう。世界の舞台で活躍する一流プレーヤーは、精神もまた一流なのである。

翻って、私たちはどこまで「転じる」ことができるだろう。まずは、何があっても環境や他人のせいにしないこと、つまり「言い訳をしない」という習慣から始めてみてはいかがだろう。それが、優れたリーダーの必須条件にもなるはずだ。

◆仕事に「ハーフタイム」を設けよう

そこで、もう少し「将の過ち」を掘り下げてみよう。

リーダーの重要性については、私も大学の授業で日々体感している。教室の空気をつくるのは、その場のリーダーである教師だ。雰囲気が重かったり、学生の反応が鈍かったりするのは、教師の姿勢に負うところが大きい。逆に、教師がちょっと工夫すれば、教室の空気はガラリと変わるのである。同じことは、会社での上司・先輩、あるいはプロジェクトリーダーなどについてもいえるだろう。

では、どうやって場をリードすればいいのか。打つべき手は大きく三つある。

第一は、とりあえずモチベーションを高めること。自らテンションを上げてみせてもいいが、言葉で鼓舞したり、あるいは、何か〝ニンジン〟をぶら下げたりする手もある。

第二は、方針や目標をはっきりと打ち出すこと。多くの場合、これが明確になっていないから混乱するのである。

そして第三は、状況を見てこまめに軌道修正を図ること。おそらくこれが、リーダーとしてもっとも力量を問われる部分だ。スポーツでいえば、監督がハーフタイムやタイムアウトを利用してシステムや役割分担を少し変えたり、具体的な指示を出したりすることを指す。場合によっては、当初の方針を変更することもあるだろう。それによって後半の戦い方が改善したとすれば、その監督は優秀ということになる。

こういう時間を持つことは、会社組織でも重要なはずだ。例えば会議において、議論が滞ってしまうことはよくある。ふつう会議に前半・後半の区分けはな

いが、だからこそ同じ空気をいつまでも引きずりやすい。だらけた雰囲気になると、それが会議の場のみならず部署全体に伝播《でんぱ》してしまうおそれがある。

ならばリーダーがいったん会議を中断し、何らかの〝カツ〟を入れたほうがよい。あるいはメンバーの誰かが打開を求め、リーダーに催促する手もある。**いわば会議版の「ハーフタイム」を取るわけだ。**ただし精神論だけでは効果は薄い。状況を変えるような、設問の変更なり議題の方向転換なりが必要だ。

ただこのとき、「たるんでいる」とか「やる気がないのか」といったキツい言い方をするのはお門違いである。あくまでも現状の責任はリーダーにあるからだ。「ちょっと混乱していないか?」「目標が曖昧になっていないか?」と尋ねたほうが、共感と関心を持たれるだろう。ついでに変更案についても募れば、いいアイデアが得られるかもしれない。一体感も増すだろう。

会議にかぎった話ではない。日常の仕事中でも空気が緩んできたと感じたら、上司の責任で全員を集め、やはり「ハーフタイム」を取ることをお勧めしたい。指示が的確なら、ほんの一分もあれば十分だ。

◆「判断ミス」を素直に認めよ

ただし、「ハーフタイム」の際にはリーダーとして最初に言うべきことがある。自らの判断ミスがあったということだ。

『孫子』流のロジックに従えば、そもそもリーダーの指示や方針が的確なら、組織はうまく機能したはずだ。そうならなかったから「ハーフタイム」の必要性が生じたわけで、これはひとえにリーダーの責任だ。

ただ昨今の事例でもわかるとおり、日本のリーダーはなかなかミスを認めようとしない。権威やキャリアに傷がつくとか、部下にバカにされるといったことをおそれているのだろう。

しかし、今の時代に何よりも求められるのは「透明性」だ。何かを隠そうとすればするほど、不信の目を向けられる。まして自分のミスを棚に上げるような態度を見せれば、たちまち信用も人望も失われるのである。

それに、能力や人格を問題にしているわけではない。あくまでも判断ミスの有無だけであり、それなら誰にでも起こり得ることだ。「間違えました！」と潔く宣言して軌道修正を図れば、その真摯な態度がかえって評価されるのではないだろうか。

ちなみに、私がふだん接している学生たちの場合、自ら判断ミスを認めることはまずない。言い訳に終始するのが常だ。「電車が遅れたから試験に間に合わなかった」「バイトで忙しくて勉強できなかった」といった具合である。

こんな言い訳で世の中を渡っていけると考えるほど、彼らはまだ精神的に幼いということだ。逆にいえば、**「判断ミス」という言葉を自分で発せられること**

が、「大人の階段」のワンステップなのではないだろうか。

しかも日本では、謝罪や反省の弁に比較的寛容だ。もしアメリカ社会で係争中の相手に謝ったりしたら、たちまち不利な立場に追い込まれるだろう。「すみません」が日常会話の中にまで溶け込んでいる日本だからこそ、早めに謝ったほうが得られるものも大きいのである。

◆〝地続き〟で攻めて仕事の領土を拡大せよ

以上のような話をすると、「自分はリーダーではないから関係ない」とか、「自分が伸びないのは上司の責任」と考える人もいるかもしれない。だが、それは早計だ。

冒頭にも述べたとおり、今やビジネスパーソン一人一人が〝将〟の時代である。しかも、パソコンの浸透と世の中の速い流れによって、「仕事」の概念そのものも変わりつつある。作業が効率的になったぶん、余った時間で複数の仕事をこなすよう求められているのである。それだけ、多くの人と連携する機会が増えているということでもある。

しかも、「与えられた仕事だけやっていればいい」ということは少ないだろう。かつての会社には、「○○職人」と呼ばれるような、ある一つの作業に特化した社員が少なからずいた。だが、そういう仕事こそパソコンに置き換わり、社員にはもっとアイデアを出したり、仕事の全体像を把握した上で、チームの一員として動いたりという仕事が求められるようになっている。

しかも、よくいわれるとおり、スピードがきわめて速い。メールであるオファーをいただいたとき、スケジュールを調整した上で二日後に返信したところ、「もうダメだと思って他の先生に依頼しました」とのこと。ビジネスの最先端では、おそらくもっとスピードが要求されているのだろう。

だとすれば、とても一人のリーダーですべてを捌《さば》くことはできない。さまざまな決断も含めて、複数で分担しなければ回せないだろう。

つまり肩書がどうであれ、社会人として一定の責任を負っている以上、常にリーダー的な視点を持っていなければならないのである。

そんな時代の到来を予想していたわけではないだろうが、『孫子』にはもう一つ、興味深い言葉がある。**「遠き形には、勢均《せいひと》しければ以て戦いを挑《いど》み難く、戦わば而《すなわ》ち不利なり」**（第十章　地形篇）だ。勢力の均衡する敵味方が遠く離れて対峙している場合、敵陣に無理に赴いて戦うのは不利になるという教えである。

これは複数の仕事をこなさなければならない現代のビジネスパーソンにとって、一つの道標となろう。

欲張って門外漢の仕事を覚えようとしても、なかなか身につかない。学生が興味本位で何かをゼロから学ぶのはおおいに結構だが、社会人には時間や成果という制約もある。**やはり、今の仕事の経験知を活かし、その延長線上にある分野から始めるべきだろう。**あちこちに〝飛び地〟をつくるのではなく、いわば周囲を〝地続き〟で攻めて、領土拡大を狙うわけである。

例えば、私の教え子の女性は、就職先で一年目を過ごしたころ、三年目くらいの社員がやるべき仕事までこなしていた。もともと彼女は向上心が強く、仕事も速かったため、与えられた業務を終えてもたっぷり時間を余らせるほどだった。ふつうならペースを落としてラクをするところだが、彼女は違った。空いた時間に、机を並べる先輩の手伝いを申し出たのである。

それもけっして嫌味にならないように、「手が空いたので、何かお手伝いしましょうか」と声をかけたらしい。先輩にとって、これほどありがたい後輩はいない。少しずつ仕事を任されるようになったという。

おかげで彼女は、わずか一年で同期よりも圧倒的に幅広い領域の仕事をマスターした。将来的に、より高いポジションで責任のある仕事を任されることは間違いないだろう。

ポイントは、あくまでも同じ部署の先輩に声をかけたことだ。自分の仕事とも関連する〝地続き〟の仕事だから、どんどん増やすことができた。もし、彼女が隣の部署に行って「仕事しますよ」と声をかけていたとしたら、そう簡単にはマスターできなかっただろう。それに第一、先輩や同僚から嫌われていたかもしれない。

一方で、世の中には「華麗なる転職」を目指す人が少なくない。すでに何年も一つの業界で働いていながら、まったく違う業界の求人に応募したり、そのために専門学校に通ったりといった具合である。

その志は立派だが、それによって大きな代償を支払うことを忘れてはならない。仮に転職できたとしても、またゼロからキャリアを積み上げていくことになる。まさに敵陣深く攻め込むようなもので、その時間と労力のコストはけっしてバカにならない。しかも、それまで積み上げてきた経験知がほとんど役立たないとすれば、貴重な資源を捨てることにもなる。

なかなか気づきにくいが、若い人が持つ最大の資源は「時間」である。それをどこに投資するかによって、その後の人生は大きく変わる。たとえ現状が辛くても、〝地続き〟投資を続けて実力をつければ、やがて会社でも認められて働きやすくなる。これは大きなリターンだ。

逆に、ある程度、投資した時間を捨てるという選択肢もないわけではないが、それによって得られるリターンはもっと大きくなるのか、よく吟味する必要があろう。つまりは、「コスト意識」を前提に考えてみるということだ。

「天《てん》の災《わざわ》いには非《あら》ずして、将《しょう》の過《あやま》ちなり」

（軍隊の失敗は、すべて天の災厄ではなく、将軍の過ちである）

（第十章　地形篇）

現代人のための『孫子』メソッド

会議中、仕事中に「ハーフタイム」に類する時間を取り、状況を変えるような設問を行ったり、議題・戦略の方向転換を図るなどする。

2 組織は追い込まれて強くなる

◆〝追い込み〟こそ教育・指導の基本だ

以前、地方都市で講演を行ったときのこと。ある種の公開授業として、地元の子どもたち数人に、壇上で太宰治の『走れメロス』を朗読してもらうことになった。数百人の観客を前にした晴れ舞台だけに、彼らも周到に練習したらしい。さすがに滞りなく読み上げた。

ところが、彼らの試練はこれで終わらなかった。予定ではすぐに舞台袖に下がるはずだったが、私が即興で新たな課題を出したからだ。「せっかくのチャンスだから、もっと自分を出してみよう」と呼びかけ、それぞれ気に入ったフレーズを、ポーズをつけて発表するよう促したのである。

発表は五分後。その間にフレーズを抽出し、ポーズを考え、練習しなければならない。当然ながら、子どもたちはメロスのようにひどく赤面し、困った顔をした。しかし、もう逃げ場はない。

すると開き直ったように、それぞれに観客を魅了するパフォーマンスを披露してくれた。観客に向かって大きく両手を挙げながら「万歳、王様万歳！」と叫んだり、「走れ！　メロス」と言いつつ壇上を駆けたりといった具合である。やり終えた後、彼らが達成感・爽快感に満ち満ちた顔をしていたことはいうまでもない。

これはほんの一例だが、私の教育の基本方針は〝追い込む〟ことにある。日々接している学生の中には、何かにつけて「自分にはできない」と及び腰の者が少なくない。しかし私にいわせれば、その多くは単なる思い込みだ。**やらざるを得ない状況に追い込まれれば、意外とできてしまうものである。**だから私は、あえて心を鬼にして無理難題を出し、「やればできる」という経験を積めるよう仕向けているのである。

実は『孫子』も、「追い込む」ことの重要性を、もっと極端に唱えている。

「**謹《つつし》み養いて労《ろう》すること勿《な》く、気を幷《あ》わせ力を積み、兵《へい》を運《めぐ》らして計謀《けいぼう》し、測《はか》る可《べ》からざるを為《な》し、之《こ》れを往《ゆ》く所毋《な》きに投ずれば、死すとも且《は》た北《に》げず**」（第十一

章　九地篇）。慎重に兵士を休養させて疲労させないようにし、士気を一つにまとめて戦力を蓄え、軍を移動させては自軍の兵士たちが目的地を推測できないように謀り、軍隊を敵陣深くに侵入させれば、八方塞がりになるため、逃げずに死に物狂いで戦うということだ。

教育現場ではなく戦場で勝つことを目的としているため、『孫子』の思想は私よりずっと冷徹で合理的だ。しかしビジネスの現場においては、こういう厳しさも必要ではないだろうか。

◆日本人には「積極性」が足りない

とりわけ昨今、日本人にもっとも不足しているのが「積極性」だ。それぞれの能力は高いのに、なんとなく状況に甘えて、もう一歩前に出ようとしない。世界と対峙していくためにも、いかに自分の〝殻〟を破れるかが勝負の分かれ目になるだろう。

その国民性を象徴しているのが、「演技」に対する姿勢だ。おそらく世界中のどの国民より、日本人は恥じたり照れたりしながら演技する。とりわけ前述のような、一つのフレーズを全身で表現したりするとき、恥ずかしがらない日本人はほとんどいないのではないだろうか。

実は、こういう場で恥ずかしがることがもっとも恥ずかしい。観客の側がどうしていいかわからなくなるからだ。逆にどんなに下手でも、堂々と顔を上げて演じれば拍手をもらえる。私はいつもそう指導しているし、実際に開き直って演じた者はその意味がわかる。だが、こういう機会は滅多にないため、なかなか理解してもらえないのである。

それに対し、中国人や韓国人、それにインド人などは、さほど恥ずかしがらない。留学生に指示してみると、最初から意外に堂々とやってのけるのである。好むと好まざるとにかかわらず、日本人はそういう世界の人々と戦っていかなければならない。そのためには、まず経験を積んで〝殻〟を破ること、それには『孫子』のいうとおり「死地に投げ込む」こと、つまり行き場のない場所に身を置かせることがいちばんである。

例えば、あえて理不尽な要求をするのもその一つ。私はしばしばセミナー等で、「偏愛マップ」を使ったディスカッションを取り入れてきた。前にも述べたが、あらかじめA4またはB4のコピー用紙に、自分の好きなもの・興味のあるものをそれぞれ自由に書き込んでおく(偏愛マップ)。これを会場で初対面の相手と交換し、それを見ながら話に花を咲かせるというものだ。

これ自体は〝人気企画〟で、どんな業界の人が集まってもおおいに盛り上がる。だがときどき、私はそれをあえて中断し、以下のように宣言することがある。

「これから日本語禁止です。すべて英語でお願いします」

会場は一転して緊張感に包まれるが、これも〝追い込み〟の一種だ。

最初は「英語なんてできない」と困惑していた参加者も、「『What is this?』でいいんです。この困難を乗り切るコツは、相手に質問を投げることです」と私が促すと、カタコトで話し始める。そうすると、「中学英語」ながら意外と会話は続くのである。

そこには、一つの壁を越えたような爽快感がある。「やればできる」ということを実感すると、急に気持ちが大きくなる。これが「教育効果」というものだ。

こういう無理難題を押しつけると、その前よりも盛り上がるのが常である。

◆部下の〝殻〟を破るのはリーダーの役割

そこで重要になるのが、リーダーのマネジメント能力だ。どんな職場でも、最近はパワハラになることをおそれて、必要以上に優しいリーダーが多いと聞く。部下に指示を出しても、「無理です」と言われればあっさり聞き入れ、場合によっては自分が穴埋めに回ったりしているらしい。

こういうリーダーは、部下に嫌われはしないが、部下を育てることもできない。結局、組織全体のメンタルが弱くなり、厳しい仕事にますます立ち向かえなくなるという悪循環に陥る。リーダーとして評価されることもないだろう。

人間は、追い込まれて初めて必死に考えたり、工夫したりするものである。それも悲壮感をともなわせるのではなく、ゲーム感覚で「面白い」と感じさせるのがコツだ。

しかも、およそメンタルというものは、本人が思っている以上に高められるも

のなのだ。〝殻〟を一つひとつ破っていけば、それなりにタフになるのである。**まして組織であれば、互いに協力することで加速度的に強くなるはずだ。**こう考えれば、リーダーの役割とは何かも見えてくるだろう。

この点について、『孫子』は有名な「呉越同舟」の例を出しつつ、「**善《よ》く兵《へい》を用うる者の、手を攜《たずさ》うること一人《いちにん》を使うが若《ごと》きは、已《や》むを得ざらしむればなり**」（第十一章　九地篇）と述べている。ふだんはメンバー間の仲が悪くても、窮地に追い込まれれば結束せざるを得ない。有能なリーダーほど、軍全体が一致協力して連係するかのように、まるで一人の人間を使いこなすようであるのは、兵士たちがそうしなければならない状況に仕向けるからだ。

いい換えるなら、〝追い込み〟は、組織のためだけではなく、リーダーのマネジメント能力を格段に高める手段でもあるわけだ。使わない手はないだろう。

「之《こ》れを往《ゆ》く所毋《な》きに投ずれば、
死すとも且《は》た北《に》げず」

（第十一章　九地篇）

（軍隊を敵陣深くに侵入させれば、八方塞がりになるため、逃げずに死に物狂いで戦う）

現代人のための『孫子』メソッド

「やればできる」ということを実感させるべく、部下、教え子をわざと苦しい状況に追い込む。

3　今こそ「漁師的DNA」を呼び覚ませ

◆労力の資源配分を考えよ

「機を見るに敏」とか「潮目を読む」というと、いささか小賢《こざか》しく立ち回るようで、いいイメージを持たれないかもしれない。しかし現実に、私たちの日常には「機」も「潮目」も存在する。景気には波があり、商売には繁忙期と閑散期があり、個人レベルでも仕事が集中するときと比較的暇なときがある。

ならば、その起伏に順応したほうが仕事は捗《はかど》るはずだ。私たちは機械ではないから、常に全力投球では疲れるし、常に低空飛行では飽きてしまう。チャンスと見れば一気呵成に攻め、不利と見れば無理をせず耐える。そういうメリハリのある資源配分こそが、いい結果を生むのではないだろうか。

これは、『孫子』が再三にわたって説く基本戦略でもある。有名な「風林火山」（第七章　軍争篇）もその一つだが、もっとストレートに「**利に合わば而《すなわ》ち動**

き、**利に合わざれば而ち止《や》む**」（第十一章　九地篇）とも述べている。

ここでいう「利」とは、「利益」というより「勝算」のニュアンスだ。実はこの一文の前には、戦前に敵を徹底的に攪乱《かくらん》し、分断し、戦闘態勢を整えられないように仕向けよ、との教えがある。それによって勝利を確実にしてから攻め込めというわけだ。

さすがに現代のビジネスにおいて、ここまで阿漕《あこぎ》なことはできないだろう。だが状況に応じ、変化の波に乗ることはできる。例えば私の場合、かつて拙著『声に出して読みたい日本語』（草思社）がベストセラーになったとたん、取り巻く環境が一変した。それまで本を出したくても出せなかったのに、がぜんさまざまな出版社からオファーをいただくようになったのである。

まさに「潮目が変わった」と感じた私は、いただいたオファーの多くを受諾した。あるいは、それまで温めていた企画をここぞとばかりに次々と提案した。おかげで、当時の著書は年間ざっと三〇～四〇冊。身体的にはかなりハードだったが、その作業を通じて多くの方々と出会えたし、仕事のフィールドも格段に広げることができたのである。

このとき、もし「ペース配分を考えて小出しにしよう」などと考えていたとしたら、そのうちオファーも途絶え、昔の状況に逆戻りしていたかもしれない。

『孫子』の教えは、一介の大学教授の仕事にも当てはまったわけである。

◆「農耕民族」では生き残れない

もっとも、私の場合は誰の目にも明らかな環境変化に乗じただけだ。多くのビジネスでは、変化を察知すること自体が難しいかもしれない。

例えば、不況の中でじたばたすることは、かえって損失を広げてしまうだけかもしれない。ならばいっそ休みを取り、今後の変化に備えて勉強に勤《いそ》しむという選択肢もあり得よう。そのために投資をしても、トータルでプラスになればいいのである。

ただし、不況下でも業績を伸ばしている会社はいくらでもある。独自の目線で商機を見出し、それが成功しているということだろう。つまり「不況だからすべてダメ」というわけではけっしてないのである。

そこで重要になるのが、判断力と行動力だ。それも自ら海原《うなばら》に漕ぎ出して網を放つような、いわば「漁師的感覚」である。

昔から漁師は、風を読み、潮を読み、魚群を探り当ててきた。大漁になりそうなら長時間労働を厭《いと》わず、不漁と見るやさっさと漁場を変える。あるいは嵐が来そうなら早めに切り上げる。一歩間違えれば命取りになりかねない中で、一つひとつ冷静に状況判断を繰り返してきたわけだ。頼れるものといえば、長年の経験に裏打ちされた肌感覚だけだったに違いない。

ただ「漁師的」といっても、多くの人には馴染みが薄いかもしれない。一方で「日本人は農耕民族」とよくいわれる。たしかに地道な作業を積み重ねたり、少しずつ改良を加えたりが得意という意味では、農耕民族のDNAが色濃く残っているように思える。少なくとも、しばしば対比的に取り上げられる「狩猟民族」ではないだろう。

しかし、四方を海で囲まれた日本人は、もともと海とのつながりも深かった。今日の〝海の幸〟の豊かさからもわかるとおり、ずっと海と格闘してきた民族なのである。その証拠に、かつては全国各所に漁村があり、漁業人口もきわめて多かったといわれている。縄文遺跡からさえ舟が見つかっていることは、周知のとおりだ。

だとすれば、私たちは漁師のDNAも受け継いでいるはずである。すっかり鳴りをひそめてはいるが、ちょっと鍛えることで、もう一度呼び覚ますことができるのではないだろうか。

特に閉塞感の漂う昨今だからこそ、こういう感覚が求められよう。景気のいい時期なら、同じ土地で同じ作業を繰り返していれば、それなりに豊かになれた。しかし今、現状維持では貧しくなるだけである。

「漁師の末裔《まつえい》」という誇りを胸に、風を読み、潮を読み、チャンスと見るや大海原に漕ぎ出していく勇気が必要ではないだろうか。

実際、勢いのある会社の経営者は、多かれ少なかれ「漁師的感覚」を持っているように見える。彼らは現状に留まることなく、次々と事業を展開して周囲を驚かせるのが常だ。それはけっして「イチかバチか」の勝負ではなく、過去の失敗経験や知見を裏付けとして勝算を持ち、周到に準備を進めた結果に違いない。経営者ならずとも、この姿勢は見習うべきだろう。

◆足で稼いだ情報から見えてくるものがある

『孫子』にも、「爵禄百金《しやくろくひやつきん》を愛《おし》みて、敵の情を知らざる者は、不仁《ふじん》の至りなり」（第十二章　用間篇）との厳しい言葉がある。

軍隊を遠征させて戦闘態勢を整えるまでには、莫大な労力とコストがかかる。自ところが間諜《かんちょう》（スパイ）への報酬を惜しんで敵情を探知しようとしないのは、自国の民衆に対する思いに欠けている。偵察にも徹底的に労力とコストをかけ、まずは自軍に有利な状況をつくれというわけだ。

この言葉を特に胸に刻んでもらいたいのが、就職を控えた学生たちだ。さまざまな「就職マニュアル」を読み、「マスコミ志望だ」「金融系がいい」「これからはIT関連が伸びる」などと好きなことを言っているが、ではそれぞれの業界についてどれだけ調べているかといえば、実に心許ない。

最近の就職面接では、学生が企業側に質問する「逆面接」の時間がしばしば設定されている。もちろん、これは企業側が設けた「サービスタイム」ではなく、その質問内容によって業界や企業に対する学生の認識度・勉強度を測っているわけだ。

ところが、事前の調査が足りないと、ひと言の質問も発することができない。そのために泣きを見る学生が少なくないのである。企業側の面接官を「よく知っているな」と唸《うな》らせるくらいでなければ、とても内定を取るのは難しい。そういう状況判断も含めて、「不仁」な学生が多いのである。

学生にかぎった話ではない。ビジネスパーソンにしても、初めての顧客や取引先、自分の業界の動向、経済情勢や海外の事情などについて、どこまで熟知しているだろうか。仮に調べずに過ごしているとすれば、その「不仁」ぶりは学生の比ではない。

さらに『孫子』は、「**明主《めいしゅ》・賢将の、動きて人に勝ち、成功の衆に出づる所以《ゆえん》の者は、先知《せんち》なり。先知なる者は、鬼神《きしん》に取る可《べ》からず。事《こと》に象《かたど》る可からず。度《たく》に験《けん》す可からず。必ず人知《じんち》に取る者なり**」（第十三章　用間篇）と述べる。「すぐれた君主や将軍が、軍を動かして勝ち成功する原因は、先に敵情を知ることである。偵察は神や占いによってできるものではなく、天界の事象になぞらえて実現できることではなく、天道の理法と突き合わせるべきものでなく、知性によって初めて可能になることだ」。いかにも『孫子』らしい言説だ。

これを今風に述べるなら、**「必要な情報は足で稼げ」**ということになるだろう。神や占いはもちろん、マスコミ情報やネット情報も十分ではない。できるかぎり現場に立ち、五感をフル稼働して徹底的に調べ上げる。そんな迂遠《うえん》に見える経験の積み重ねこそ、実は「魚群」を探り当てる一番の近道ではないだろうか。

以上、『孫子』の言葉を、現代に使える名言として捉え直してきた。

古典の言葉を「自分にとっての名言」にするコツは、一つでもいいからモノにしてしまうことだ。書き写したり、繰り返しつぶやいたりして、身近なものにする。そして、日常のいろいろな状況にムリやりにでも当てはめてみる。

正確な引用でなくてもいい。孫子を味方につけた気分で、戦略的思考を働かせるクセをつければいい。それが『孫子』をワザとして使うということだ。

「敵の情を知らざる者は、
不仁《ふじん》の至りなり」

（第十二章　用間篇）

（敵情を探知しようとしないのは、自国の民衆に対する思いに欠けている）

現代人のための『孫子』メソッド

就職希望の企業や新たな取引先の情報収集を怠らない。

本文イラスト　岡田　丈
構成　島田栄昭
本書は、2012年6月にPHP研究所より刊行された『使える！「孫子の兵法」』に加筆・修正のうえ、改題したものである。

著者紹介
齋藤　孝（さいとう　たかし）
1960年、静岡県生まれ。東京大学法学部卒業後、同大学大学院教育学研究科博士課程等を経て、明治大学文学部教授。専門は教育学、身体論、コミュニケーション論。ベストセラー作家、文化人として多くのメディアに登場。著書に、『仕事に使えるデカルト思考』『国語は語彙力！』『１分で大切なことを伝える技術』（以上、PHP研究所）など多数。著書発行部数は1000万部を超える。NHK Eテレ「にほんごであそぼ」総合指導。

PHP文庫　仕事に効く！「孫子の兵法」

2022年４月１日　第１版第１刷

著　者　齋　藤　孝
発行者　永　田　貴　之
発行所　株式会社ＰＨＰ研究所
東京本部　〒135-8137　江東区豊洲5-6-52
PHP文庫出版部　☎03-3520-9617（編集）
普及部　☎03-3520-9630（販売）
京都本部　〒601-8411　京都市南区西九条北ノ内町11
PHP INTERFACE　https://www.php.co.jp/
組　版　有限会社エヴリ・シンク
印刷所　株式会社光邦
製本所　東京美術紙工協業組合

ISBN978-4-569-90205-0

PHP文庫

「カムカムエヴリバディ」の平川唯一

戦後日本をラジオ英語で明るくした人

平川 洌 著

NHKの2021年度後期連続テレビ小説のキーパーソン・平川唯一。ラジオ英会話講師として戦後の日本を明るくした人の生涯を活写する。

PHP文庫

ケミストリー世界史

その時、化学が時代を変えた！

大宮 理 著

予備校の化学講師の中でもとりわけ世界史に詳しい著者が、世界史の流れを時系列に追いながら、時代を変えた化学の話を紹介する。

PHP文庫

心が折れない子が育つ

こども論語の言葉

齋藤 孝 著

子どもの「なぜ?」「どうして?」の答えは論語にあった! 勉強や人生の意味など、大切なことをわが子に伝えるときに役立つ孔子の言葉。